高等职业教育土建施工类专业系列教材

装配式建筑混凝土构件
深化设计

主　编　李石磊　楚仲国*　朱绪平

副主编　王　博　范宇岐*　杨欢欢

参　编　王　鹏*　李馥含　曹　龙*

张　盟*

（标注*号者为企业专家）

西安交通大學出版社
XI'AN JIAOTONG UNIVERSITY PRESS

内容简介

本书根据高职高专院校土建类专业的人才培养目标、教学计划、“装配式建筑混凝土构件深化设计”课程的教学特点和要求，并按照最新的装配式建筑相关国家标准及规范进行编写。

基于工作过程系统化的方式，根据实际工作情境和工作环节，将本书分为创建结构模型以及叠合板、叠合梁、预制柱、预制楼梯、预制剪力墙、预制悬挑板的深化设计 7 个工作情境，并涵盖完整的工作环节。此外，本书还配有二维码链接教学资源，以方便学生轻量化线上学习。

本书注重学生的职业素养和职业能力的培养，引导学生主动学习和思考，以提高学习效果，强调实践操作和解决问题的能力。

本书可作为高职高专建筑工程技术、装配式施工技术及相关专业的教学用书，也可作为土建类工程技术人员的参考用书。

图书在版编目(CIP)数据

装配式建筑混凝土构件深化设计 / 李石磊，楚仲国，朱绪平主编. --西安：西安交通大学出版社，2024.1
高等职业教育土建施工类专业系列教材
ISBN 978-7-5693-3661-0

Ⅰ. ①装… Ⅱ. ①李… ②楚… ③朱… Ⅲ. ①装配式混凝土结构-结构设计-高等职业教育-教材 Ⅳ. ①TU37

中国国家版本馆 CIP 数据核字(2024)第 012514 号

书　　名 装配式建筑混凝土构件深化设计
ZHUANGPEISHI JIANZHU HUNNINGTU GOUJIAN SHENHUA SHEJI
主　　编 李石磊　楚仲国　朱绪平
副 主 编 王　博　范宇岐　杨欢欢
策划编辑 曹　昳
责任编辑 杨　璠
责任校对 柳　晨
封面设计 任加盟

出版发行 西安交通大学出版社
(西安市兴庆南路 1 号　邮政编码 710048)
网　　址 http://www.xjtupress.com
电　　话 (029)82668357　82667874(市场营销中心)
(029)82668315(总编办)
传　　真 (029)82668280
印　　刷 陕西印科印务有限公司

开　　本 787 mm×1092 mm　1/16　**印张** 10.5　**字数** 246 千字
版次印次 2024 年 1 月第 1 版　2024 年 1 月第 1 次印刷
书　　号 ISBN 978-7-5693-3661-0
定　　价 59.90 元

如发现印装质量问题，请与本社市场营销中心联系、调换。
订购热线：(029)82665248　(029)82667874
投稿热线：(029)82668804
读者信箱：phoe@qq.com

前言

CONTENTS

随着建筑行业的持续进步，装配式建筑逐渐崭露头角，成为一种引领潮流的建筑方式。这种建筑方式不仅提高了建造效率，降低了环境污染，而且为建筑行业注入了新的活力。为了满足行业对专业人才的需求，我们精心编写了这本《装配式建筑混凝土构件深化设计》教材，旨在为读者提供全面、系统的装配式建筑混凝土构件深化设计知识。

本书基于工作过程系统化的方式编写，根据实际工作情境，剖析混凝土构件深化设计流程和要点，结合工程实例进行详细分析，帮助读者了解和掌握装配式建筑混凝土构件深化设计的关键技术和实际应用。

本书在编写过程中，不仅注重知识的系统性和实用性，还紧跟行业最新动态，引入先进的BIM技术，反映当前建筑行业的新技术和趋势。同时，结合丰富的工程实例，深入浅出地讲解了深化设计的具体应用，帮助读者将理论知识应用于实际工程中。

无论您是装配式深化设计初学者还是专业人士，都可以在本书中得到启发和参考。我们诚挚地希望本书能成为您学习装配式建筑混凝土构件深化设计的得力助手。

本书由北京工业职业技术学院李石磊、朱绪平，北京构力科技有限公司楚仲国担任主编；北京工业职业技术学院王博、杨欢欢，北京构力科技有限公司范宇岐担任副主编；中国建筑第八工程局有限公司王鹏，北京工业职业技术学院李馥含参编。

在编写本书过程中，得到了许多专家和学者的支持和帮助，在此表示衷心的感谢。同时，由于编者水平有限，不足之处在所难免，恳请广大读者批评指正。

编者

2023年11月

目
CONTENTS

录

情境一

创建结构模型

在进行装配式建筑混凝土构件深化设计前，首先需要在装配式建筑深化设计软件中创建结构模型。结构模型的创建可以通过导入结构 CAD 图和导入 PM 模型 2 种方法建模，模型建立后还要对模型进行调整，以方便后续构件的拆分。

知识目标

(1)了解装配式建筑及装配式 PKPM－PC 的基本概念；

(2)熟悉装配式混凝土结构的概念和类型；

(3)掌握装配整体式混凝土结构的概念。

能力目标

(1)能够准确判断装配式混凝土结构的类型；

(2)能够熟悉 BIM 在预制构件中的具体应用。

素质目标

(1)培养独立思考的能力；

(2)培养精益求精的工匠精神。

利用 PKPM－PC 软件创建某剪力墙结构建筑模型。可扫描右侧二维码获取剪力墙结构施工图纸。

工作准备

(1)分析工作任务,了解工作任务;

(2)下载 CAD 图;

(3)识读 CAD 图。

获取信息

引导问题 1:简述装配式深化设计的业务流程。

引导问题 2:装配式深化设计包括哪些内容?

引导问题 3:国内外装配式预制混凝土构件深化设计软件主要有哪些?

相关知识点

知识点 1:装配式深化设计业务流程

装配式深化业务流程一般分为 4 步,如图 1.1 所示。

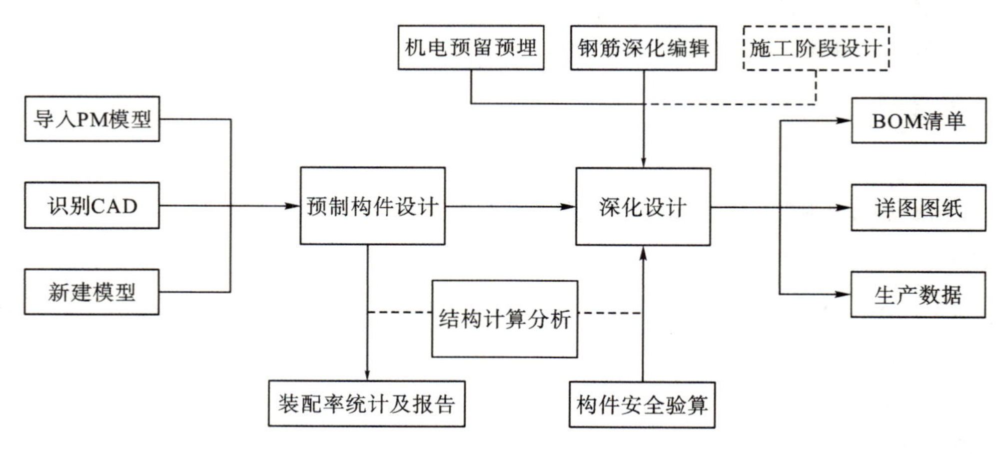

图 1.1 PKPM - PC 应用流程图

第一步,为了使深化工作高效准确,通常深化设计都基于 BIM 三维模型。模型的创建的方式有 3 种:导入传统结构设计 PM 模型、识别 CAD 图纸和交互建模。

第二步,基于模型,对结构进行拆分,哪些构件预制,哪些部位预制,最终的拆分能满足装配率计算的要求。

第三步,根据装配式结构设计规范规程修改设计参数,对拆分后的模型进行整体计算分析。

第四步，根据新的结构计算结果，对预制构件配筋、预留预埋和附件设计，最终输出可以指导生产的构件详图和BOM清单。

知识点2：装配式深化设计的主要内容

装配式深化设计的主要内容是完成一张可以指导预制构件厂加工生产和施工现场安装的图纸。深化图纸不仅要满足建筑和结构专业要求，还需要把给排水、暖通和电气各个专业的设备预留预埋落在预制构件上，以及施工时候的预留预埋，例如铝膜传料口、放线孔、塔吊附臂预留孔洞等。深化设计要求设计师对各个专业都十分熟悉，能处理各专业间的碰撞冲突。更重要的是要对预制构件临时工况的吊装验算和预制构件的接缝验算，保证生产、运输和安装时的安全问题。

知识点3：装配式深化设计软件简介

1. PKPM－PC软件简介

【视频】1.1－认识PKPM－PC

【视频】1.2－PKPM－PC三个版本的介绍

基于国产自主PKPM－BIM平台的装配式建筑设计软件PKPM－PC，结合结构软件PKPM 21规范V1版本，实现混凝土装配式工程整体结构计算分析及相关内力调整、连接节点设计功能，同时提供常用预制构件吊装、脱模、运输过程中的相关验算，并输出详细验算计算书；同时在BIM平台上可实现预制构件库的建立、三维拆分与预拼装、碰撞检查、构件详图输出、材料统计、BIM数据直接接力生产加工设备等功能。

PKPM－PC具有如下特点：

作为基于国内首款自主BIM平台的预制装配式建筑设计软件系统，支持全过程的BIM核心产业化信息模型，贯穿设计、生产、施工与运维。实现三维可视化多专业协同，多专业信息模型的创建，三维预制构件拼装、施工模拟与碰撞检查，材料统计，接力CAM生产，跟踪运输，指导施工与运维。

BIM平台下丰富的参数可定制化预制装配式构件库，涵盖了国标图集各种结构体系的墙、板、楼梯、阳台、梁、柱等，为装配式结构的拆分、三维预拼装、碰撞检查与生产加工提供基础单元，推动模数化与标准化，简化设计工作，使设计单位前期就能主动参与到装配式结构的方案设计中，在设计阶段就能避免冲突或安装不上的问题。

符合行业标准《装配式混凝土结构技术规程》(JGJ 1—2014)的装配式结构的分析设计，

可以完成装配式整体分析与内力调整、预制构件配筋设计、预制墙底水平连接缝计算、预制柱底水平缝计算、梁端竖向连接缝计算、叠合梁纵向抗剪面计算,保证装配式结构设计安全度,提高设计单位的设计效率。

基于BIM平台的预制装配式构件详图自动化生成。装配式结构图要细化到每个构件的详图,详图工作量很大。BIM平台下的详图自动化生成,保证模型与图纸的一致性,既能增加设计效率,又能提高构件详图图纸的精度,减少错误。

实时的预制率、装配面积的统计计算,为方案阶段提供便捷的工具。

利用BIM系统下预制装配式建筑CAM技术,PKPM-PC装配式结构的BIM模型数据直接接力工厂加工生产信息化管理系统,预制构件模型信息直接接力数控加工设备,自动化进行钢筋分类、钢筋机械加工、构件边模自动摆放、管线开孔信息的自动化画线定位、浇筑混凝土量的自动计算与智能化浇筑,达到无纸化加工,也避免了加工时人工二次录入可能带来的错误,大大提高了工厂生产效率。

2. YJK-AMCS软件简介

装配式结构设计软件YJK-AMCS是在YJK的结构设计软件的基础上,针对装配式结构的特点,依据《装配式混凝土结构技术规程》(JGJ 1—2014)及《装配式混凝土结构连接节点构造》(G310—1～2)图集等,利用BIM技术开发而成的专业应用软件,旨在满足装配式结构的设计、生产、施工单位不同需求。

软件提供了整体结构分析、相关内力调整、构件及连接设计功能,可进行预制构件的脱模、吊装、运输过程中相关验算;通过自主研发的三维造型平台和BIM多专业协同技术,可快速实现三维模型下的预制构件拆分、预留预埋设计、施工模拟与碰撞检查;提供多种深化设计手段和丰富的深化设计参数,可快速完成预制构件轮廓、配筋、附件三大深化目标下的深化设计;可输出详实准确的布置平面图和预制构件详图;可输出详实的材料清单,并建立企业构件库;提供数据支持,可与工厂生产管理系统集成,实现与数字机床自动生产线的对接。

设计单位利用该软件可完成装配式建筑的结构设计、深化设计。构件加工、安装企业利用该软件可完成构件深化设计、企业构件库建立,实现预制构件信息和数字机床自动生产线的对接,实现施工过程模拟,同时实现与现有系统的集成。工程总包单位可利用BIM平台实现装配式建筑设计、生产、施工一体化解决方案。

3. Tekla Structures软件简介

Tekla Structures是面向施工、结构和土木工程行业的专业BIM深化设计软件。结构设计工程师、细部设计人员、制造商、承包商和项目经理可以为每个项目创建、组织、管理和共享准确的模型。Tekla Structures创建的模型具备精准、可靠和详细的信息,这正是成功的建筑信息建模(BIM)和施工所需要的关键。Tekla Structures可处理建筑材料和复杂的结构，例如钢结构、预制混凝土、现浇混凝土、铝模等。

小贴士

目前在我国，钢筋混凝土是应用最多的一种建筑结构形式。同时，我国也是世界上使用钢筋混凝土结构最多的区域。钢筋混凝土从19世纪中叶开始采用以来，发展极为迅速。钢筋混凝土结构的材料制造、计算理论及施工技术等方面都已取得了极大的发展，并且还在继续向前发展。尤其我国在一些大型的水利水电工程中，将钢筋混凝土的特性发挥到了极致，塑造了一个又一个令世界瞩目的伟大工程，极大地增强我们的民族自豪感，其中也不乏工匠精神的体现。

工作环节一：生成模型

引导问题4：你选择哪种方式创建结构模型？

引导问题5：利用PKPM-PC软件完成给定工程的模型创建。

小提示：PKPM-PC提供三种建模方式：识图建模、PM模型导入和交互建模。

相关知识点

知识点4：识图建模

【视频】1.3-PMPM-PC安装方法

【视频】1.4-识图建模

1. CAD图纸准备

识图建模前需要准备CAD图纸，且图纸中对于不同种类的构件需要进行图层区分，方便程序识别。

2. 导入结构布置图

(1)识图建模前需要新建标准层,在标准层中导入对应的 CAD 图纸。点击【结构建模】→【新建标准层】命令,如图 1.2 所示。

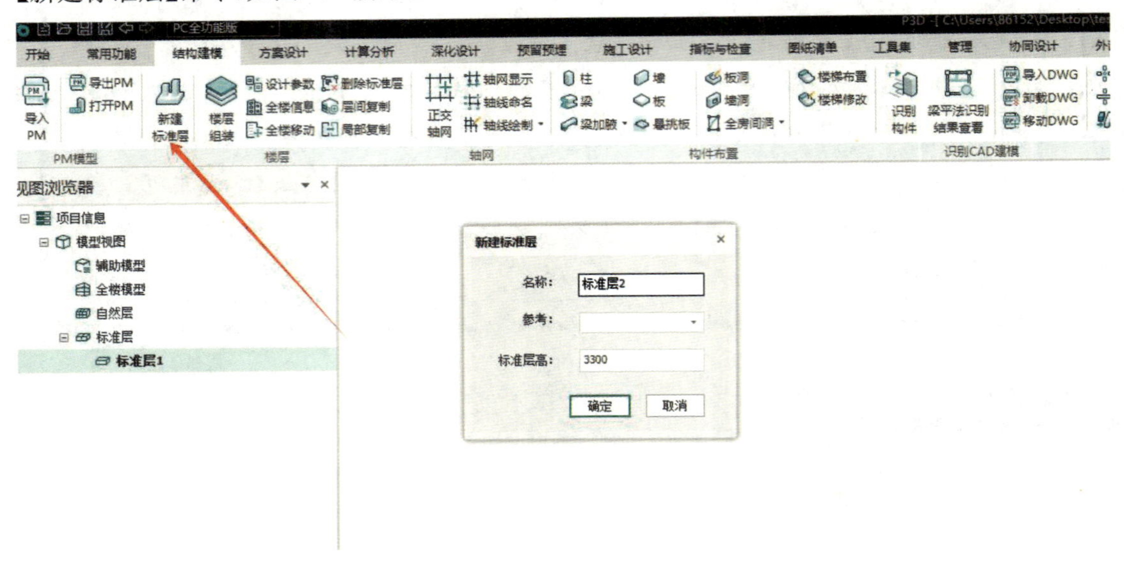

图 1.2　新建标准层

(2)执行【结构建模】→【导入 DWG】命令,在弹出窗口中选择导入的 CAD 图“×××.dwg”并打开,导入后界面如图 1.3 所示。

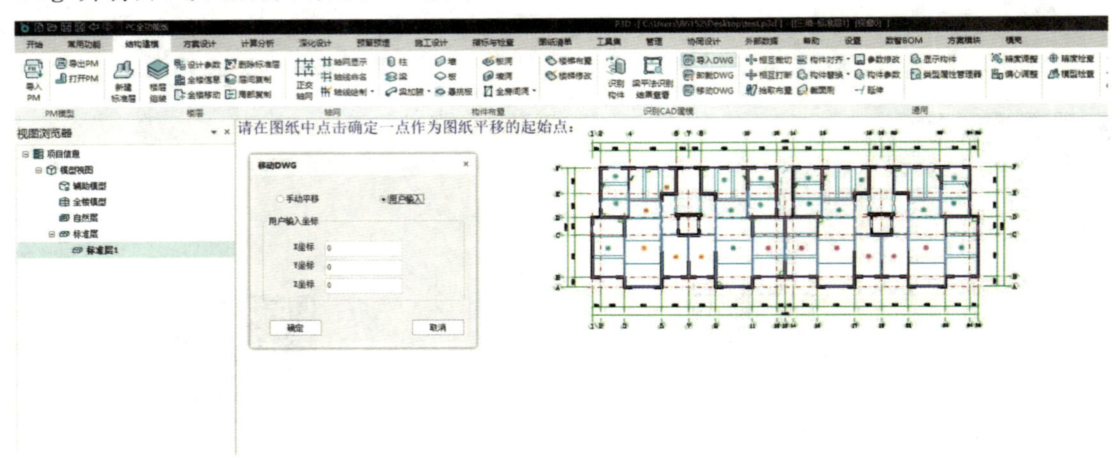

图 1.3　导入结构底图

(3)载入图纸后,按照左上提示语操作,选择图纸中的某一点作为图纸放置的基点,如图 1.4 所示;然后确定基点放置的位置,有 2 种方法,一是选择输入一个坐标点,二是在屏幕工作区域指定位置放置;完成导入。

注意：建议采用默认原点位置，软件会自动处理由于图纸精度不高导致的模型精度问题。

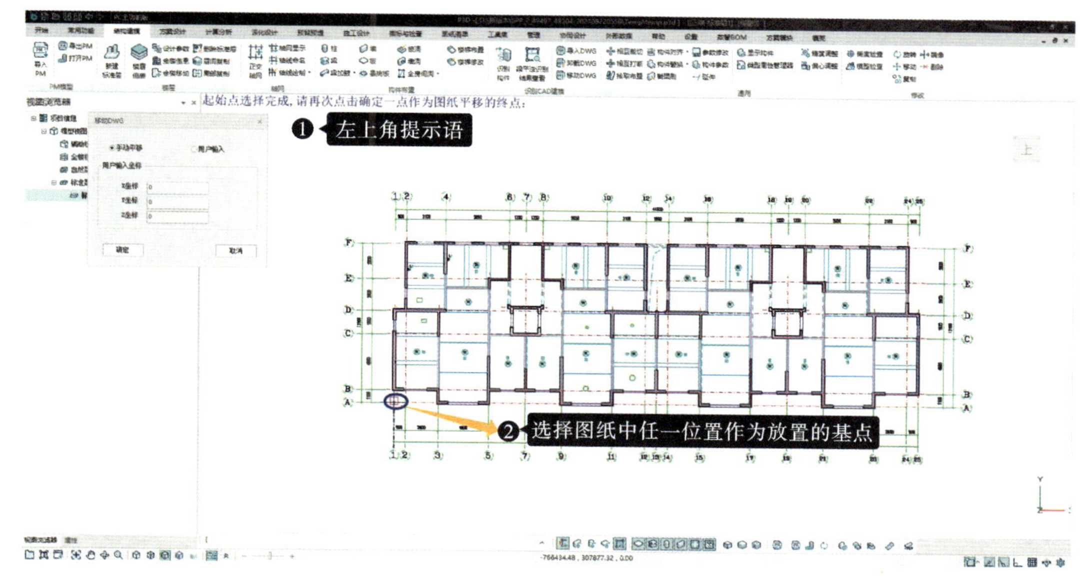

图 1.4　放置结构底图

3. 识别构件图层

（1）执行【结构建模】→【识别构件】命令，依次选择轴线、墙、梁、窗洞按钮，并在模型区依次点击对应图层的线。左键选中构件后，相同图层构件会高亮显示，效果如图 1.5 所示；右键确定选中后，该图层将被隐藏。若图层选择错误，可点击面板右侧的【删除】按钮，重新选择图层。

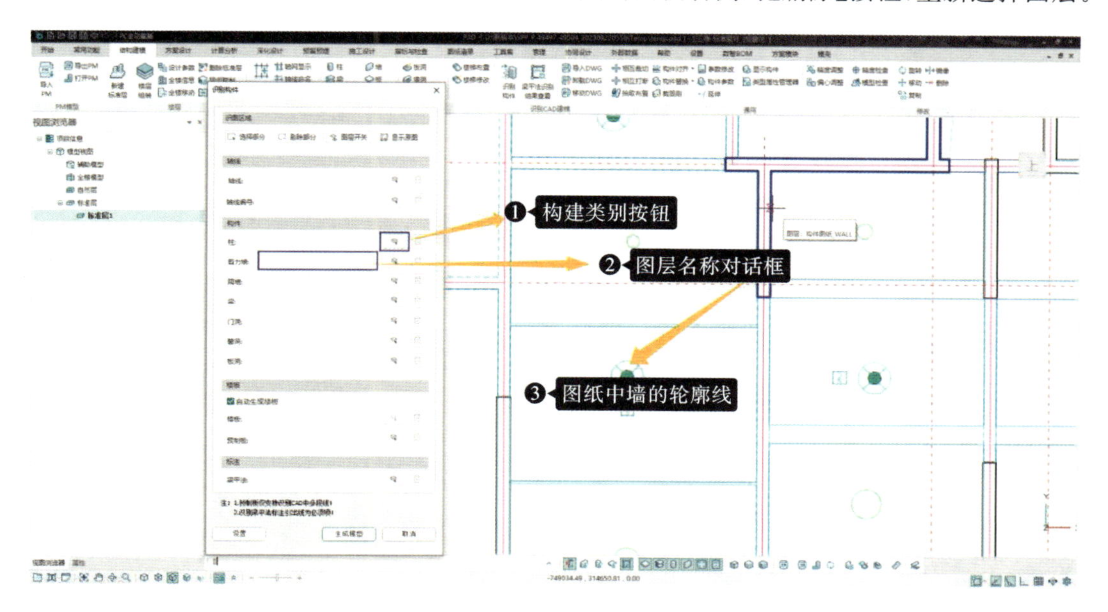

图 1.5　选取构件图层

(2)如结构图纸表达了预制板的拆分信息,可在面板底部的【识别板】区域勾选【自动生成楼板】,并识别预制板轮廓线,可直接生成预制板。

4. 生成模型

(1)点击面板【设置】按钮,弹出如图 1.6 所示的构件参数设置。

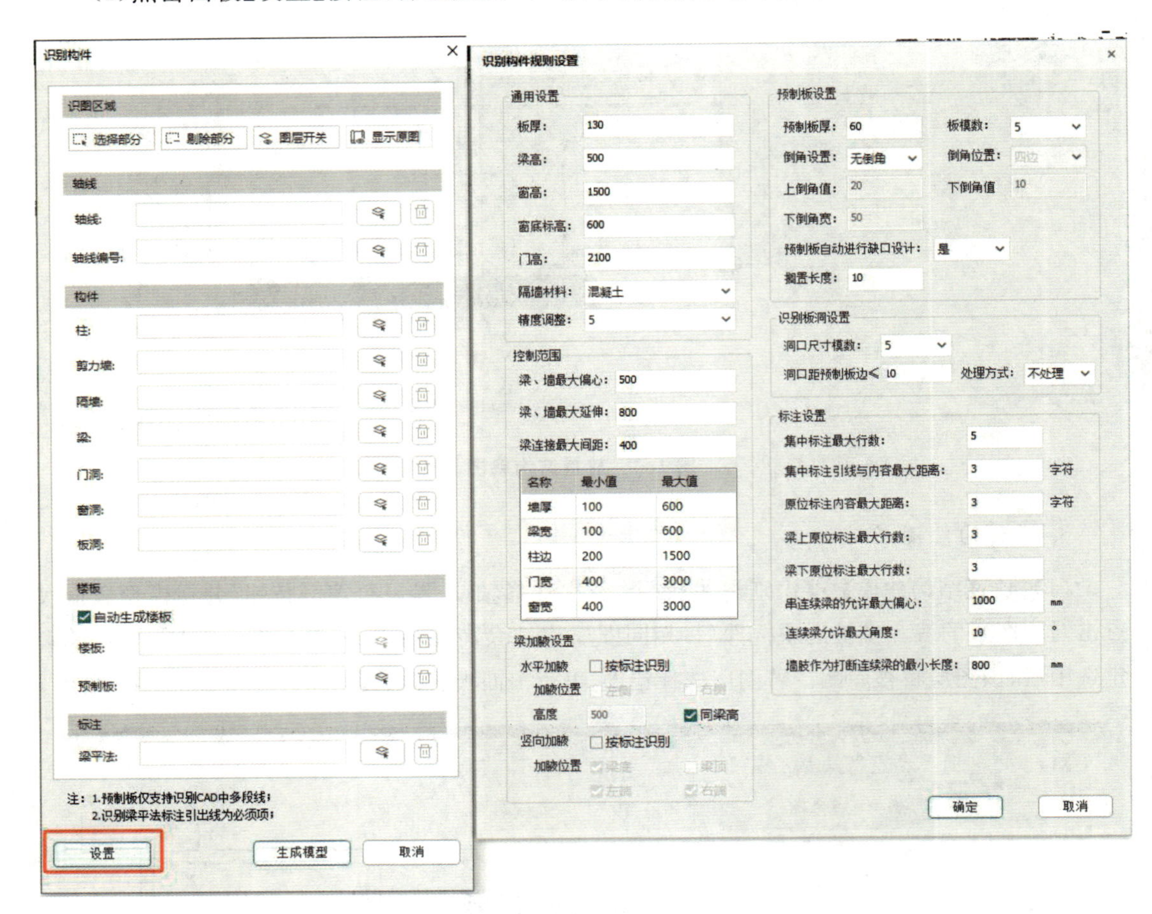

图 1.6 构件参数设置

(2)点击【生成模型】,模型生成效果如图 1.7 所示。

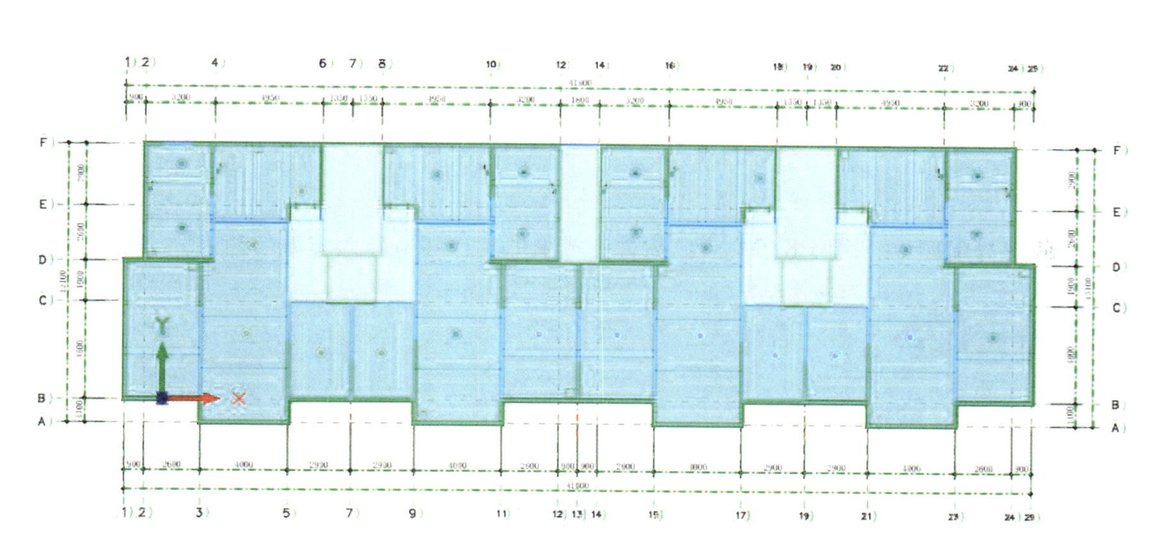

图 1.7　识图建模生成模型

知识点 5:PM 模型导入建模

若项目已存在结构模型,则可直接使用 PM 模型导入功能,将结构模型转换为装配式设计模型。

【视频】1.5－PM 模型导入

点击【结构建模】→【导入 PM】,在弹出的窗口中找到提前准备好的 jws 文件,等待片刻,程序完成 jws 模型导入,效果如图 1.8 所示。

图 1.8　PM 导入后的全楼模型

工作环节二:模型调整

引导问题 6:利用 PKPM－PC 软件完成上一工作环节导入模型的调整。

相关知识点

知识点 6:模型调整

【视频】1.6－模型调整与楼层组装

1. 墙合并

点击【方案设计】→【墙合并】,框选模型整个平面,将识图生成的短墙合并成长墙。墙合并前、后模型的变化见图 1.9 和图 1.10。

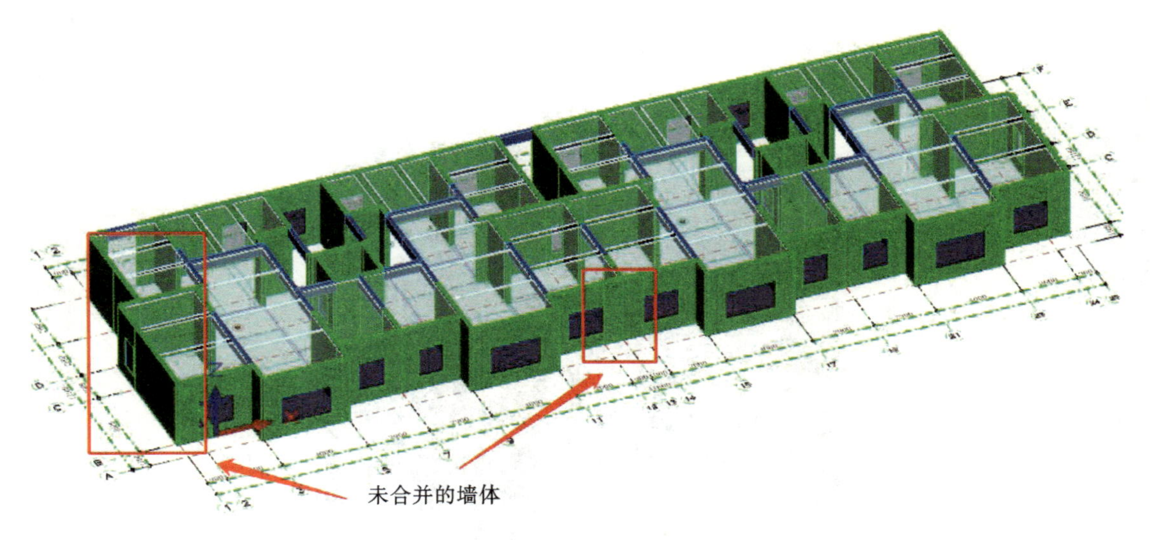

图 1.9　合并前的短墙

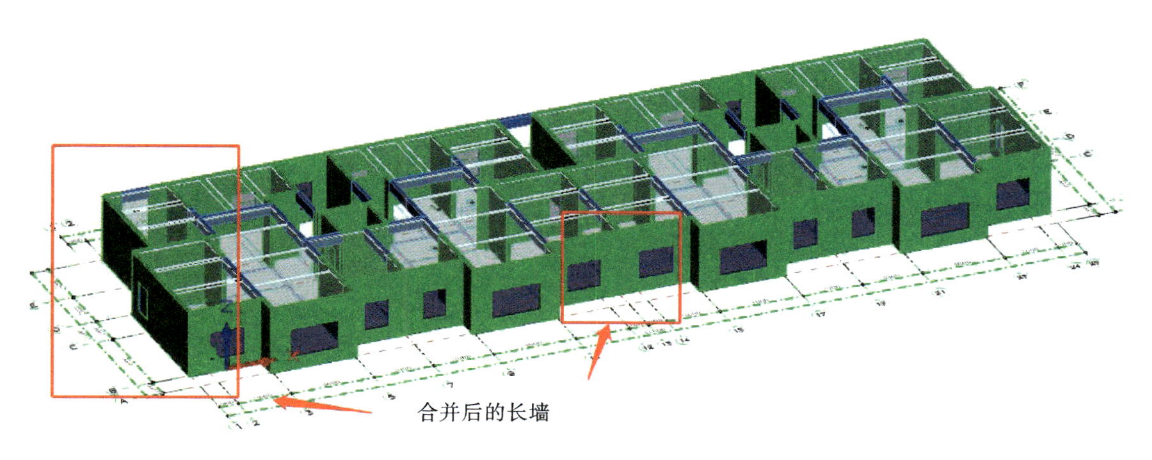

图 1.10　合并后的长墙

2. 梁合并

点击【方案设计】→【梁合并】，在弹出的面板中勾选【只合并主梁】，框选模型整个平面，将识图生成的短梁合并成长梁，如图 1.11 所示。

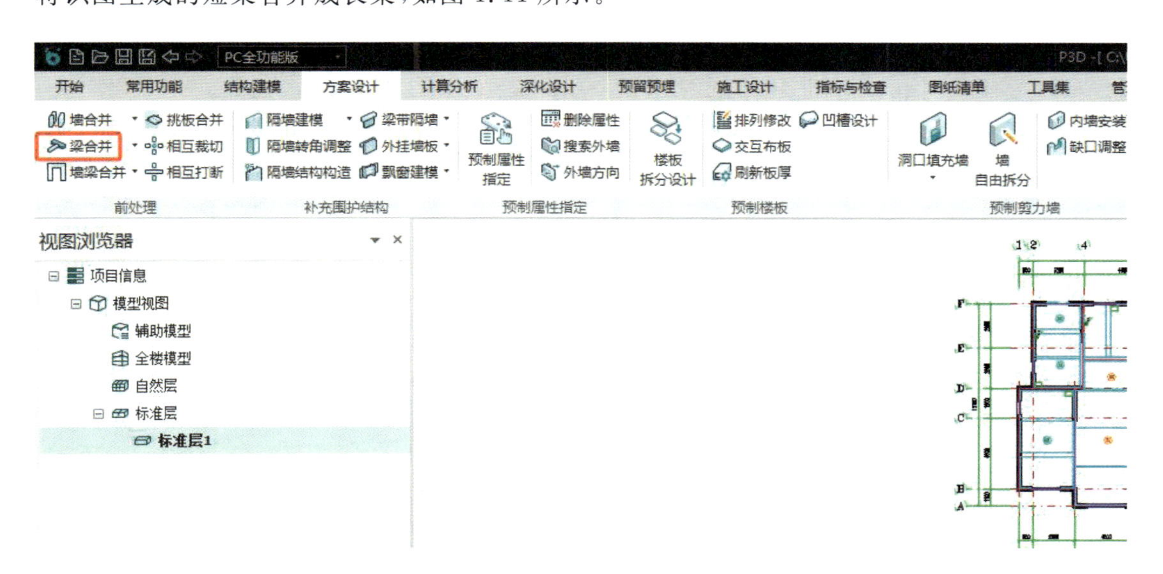

图 1.11　梁合并

拓展思考

1. 论述装配式深化设计的现状及发展趋势。

2. 对比 PKPM-PC 三种建模方式的特点。

情境二

叠合板的深化设计

叠合板的深化设计流程一般包括预制板拆分、配筋设计、吊件设计、预留预埋布置等几个环节，然后进行构件编号、详图和清单等资料的快速生成，如图 2.1 所示。

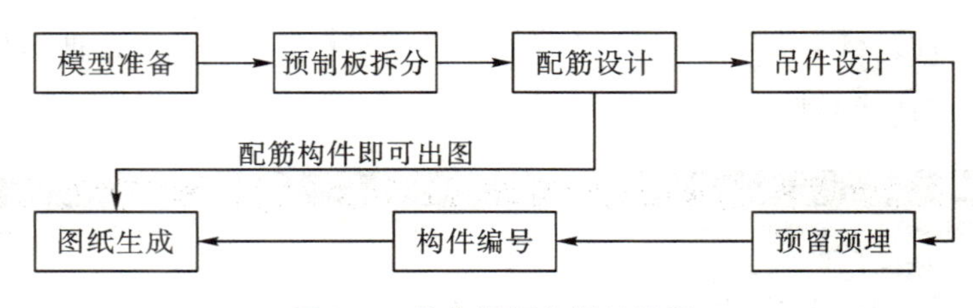

图 2.1　叠合板深化设计流程

知识目标

（1）掌握叠合板深化设计的基本知识；

（2）掌握叠合板深化设计施工图识读的相关知识。

能力目标

（1）能够准确识读与正确理解叠合板深化设计加工图；

（2）能够对叠合板进行拆分，并能绘制简单的深化设计加工图。

素质目标

（1）通过叠合板深化设计的学习，激发创新能力，提高解决问题的能力；

（2）培养安全意识和节约意识。

利用 PKPM－PC 软件对某建筑预制板构件进行拆分。可扫描右侧二维码获取楼板平面布置施工图。

(1)阅读工作任务,熟悉叠合板相关基础知识;

(2)学习《桁架钢筋混凝土叠合板(60 mm 厚底板)》(15G366－1)叠合板设计要点;

(3)熟悉《装配式混凝土建筑技术标准》(GB/T 51231—2016)中水平构件的计算规范;

(4)熟悉《装配式混凝土结构技术规程》(JGJ 1—2014)中水平构件的计算规范。

引导问题 1:叠合板拆分应依据什么原则?

引导问题 2:依据《桁架钢筋混凝土叠合板(60 mm 厚底板)》(15G366－1),将叠合板底板的标志宽度和跨度对应的实际宽度和跨度填入表 2.1—表 2.4 中。

表 2.1　单向板底板宽度　　单位:mm

标志宽度	1200	1500	1800	2000	2400
实际宽度					

表 2.2　单向板底板跨度　　单位:mm

标志跨度	2700	3000	3300	3600	4200
实际跨度					

表 2.3　双向板底板宽度　　单位:mm

标志宽度	1200	1500	1800	2000	2400
边板实际宽度					
中板实际宽度					

表 2.4　双向板底板跨度　　单位:mm

标志跨度	3000	3300	3600	3900	4200	4500
实际跨度						
标志跨度	4800	5100	5400	5700	6000	—
实际跨度						—

引导问题 3:预制板宽不宜大于______m,拼缝位置宜避开叠合板受力较______部位。尽量采取整板设计,当预制板间采用分离式接缝时,按______向板设计;长宽比不大于______的四边支撑叠合板,当预制板采用整体式接缝或不接缝时,按双向板设计。

引导问题 4:根据结构板尺寸大小,判断结构板类型(双向板/单向板),填入表 2.5 中。

表 2.5 叠合板板型判断

现浇板尺寸/(mm×mm)	结构判定	接缝类型	预制板计算判定
6000×2000			
6000×3200			
4500×4200			
4500×1800			

引导问题 5:根据叠合板类型,选择合理的倒角类型及尺寸,填入表 2.6 中。

表 2.6 倒角类型判断

叠合板厚度/mm	倒角类型	倒角尺寸	倒角位置(四边/接缝处)
60			
70			
80			

相关知识点

知识点 1:叠合板拆分的原则

叠合板按单向叠合板和双向叠合板进行拆分。

拆分为单向叠合板时,楼板沿非受力方向划分,预制底板采用分离式接缝,可在任意位置拼接;拆分为双向叠合板时,预制底板之间采用整体式接缝,接缝位置宜设置在叠合板的次要受力方向上且该处受力较小,预制底板间宜设置 300 mm 宽后浇带用于预制板底钢筋连接。叠合板拆分如图 2.2 所示。

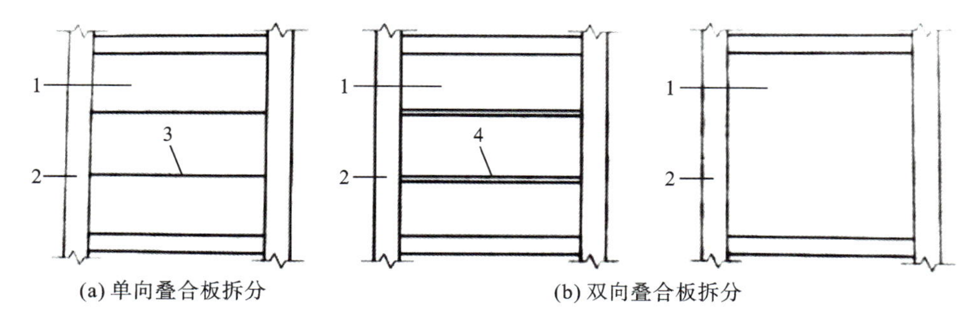

(a) 单向叠合板拆分　　(b) 双向叠合板拆分

1—预制叠合楼板；2—板端支座；3—板侧分离式拼接；4—板侧整体式拼接。

图 2.2　叠合板拆分示意图

具体的拆分设计原则如下：

1. 考虑模数化和标准化的原则

装配式建筑模数化设计应符合现行国家标准《建筑模数协调标准》(GB/T 50002—2013)的规定。叠合楼板的预制底板在拆分设计时，原则上应考虑模数化的要求，宜采用扩大模数数列 nM(M 为基本模数，M=100 mm)予以设计。同时，叠合楼板的预制底板也要考虑“少规格、多组合”的标准化设计思想，尽可能做到构件规格少，通过组合或现浇段处理等方式，满足相应建筑要求。

2. 考虑工厂生产的要求

工厂模台尺寸大小、养护方式等都是拆分设计需要考虑的内容。在拆分设计前，需要与工厂技术人员交流，调研并掌握相关数据后才可以落实拆分工作。

3. 考虑道路运输的相关要求

在运输构件时，根据构件规格、重量选用汽车和吊车，大型货运汽车载物高度从地面起不准超过 4 m，宽度不得超出车厢，长度不准超出车身。为方便卡车运输，预制底板宽度一般不超过 3 m，跨度一般不超过 5 m。

4. 考虑现场起吊设备的起重能力

预制板在现场安装时，需采用塔式起重机、汽车式起重机等起吊，起重设备的载荷能力制约预制板的重量。因此在拆分前，需与总包或施工单位合理确定起重设备的起重能力。

知识点 2:叠合板标志宽度和标志跨度

图集《桁架钢筋混凝土叠合板(60 mm 厚底板)》(15G366 - 1)中对叠合板的标志宽度和标志跨度进行了详细的划分，在深化设计时可以参考图集中的标志宽度和标志跨度进行拆分，见表 2.7—表 2.10。

表 2.7　单向板底板宽度　　单位:mm

标志宽度	1200	1500	1800	2000	2400
实际宽度	1200	1500	1800	2000	2400

表 2.8　单向板底板跨度　　单位:mm

标志跨度	2700	3000	3300	3600	3900	4200
实际跨度	2520	2820	3120	3420	3720	4020

表 2.9　双向板底板宽度　　单位:mm

标志宽度	1200	1500	1800	2000	2400
边板实际宽度	960	1260	1560	1760	2160
中板实际宽度	900	1200	1500	1700	2100

表 2.10　双向板底板跨度　　单位:mm

标志跨度	3000	3300	3600	3900	4200	4500
实际跨度	2820	3120	3420	3720	4020	4320
标志跨度	4800	5100	5400	5700	6000	—
实际跨度	4620	4920	5220	5520	5820	—

知识点 3:叠合板的构造要求

在进行叠合板的拆分时，还要满足规范和图集对叠合板的构造要求。根据规范对楼盖的要求，嵌固部位的楼层、顶层楼层、转换层楼层及平面中较大洞口的周边、设计需加强的部位、剪力墙结构的底部加强部位不做叠合楼盖，其他部位原则上均可采用叠合楼盖，如住宅中的厨房、卫生间、阳台、卧室、起居室等。同时还应满足拆分的构造要求：

(1)预制板宽不宜大于 3 m，拼缝位置宜避开叠合板受力较大部位。

(2)尽量采取整板设计。

(3)选择适合预制的楼板。

(4)楼板接缝 0 缝宽设计，制作控制宜按负误差控制。

(5)当预制板间采用分离式接缝时，按单向板设计；长宽比不大于 3 的四边支撑叠合板，当预制板采用整体式接缝或不接缝时，按双向板设计。

知识点4:叠合板拼缝做法

根据《装配式混凝土结构技术规程》(JGJ 1—2014)6.6.6条规定,双向叠合板可采用后浇带形式。从受力角度看,双向叠合板受力状态与现浇结构基本一致,对结构计算的影响最小,如图2.3所示。从生产角度考虑,采用后浇带形式时,为满足出筋要求,叠合板边模需要开孔,重复利用率低,生产成本提高。在施工阶段,后浇带部分需要支护底部模板,增加额外工作量。从成品效果看,由于后浇带与钢筋可靠握裹,对裂缝开展控制效果较好。

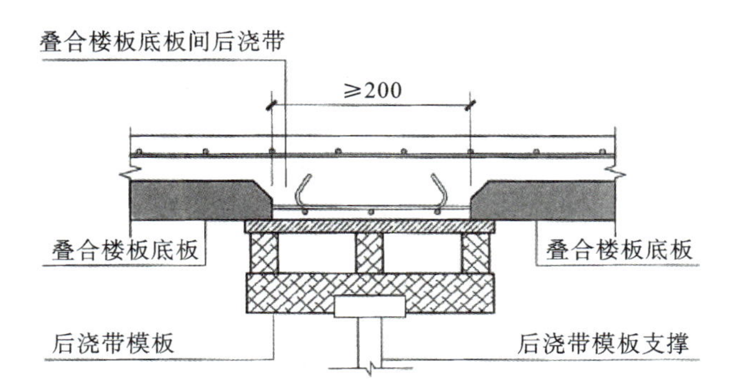

图2.3　双向板拼缝做法

单向叠合板板侧均采用分离式接缝。从受力角度看,根据《装配式混凝土结构技术规程》(JGJ 1—2014)6.6.3条规定,当预制板之间采用分离式接缝时,宜按单向板设计,与传统现浇结构差异较大,如图2.4所示。从生产角度考虑,单向叠合板接缝方向不出筋,模板重复利用率较高。从施工角度看,单向板采用密拼式接缝时无需支护模板,脚手架搭设及模板支护工作量较少。从成品效果看,板缝位置容易发生应力集中,产生裂缝。

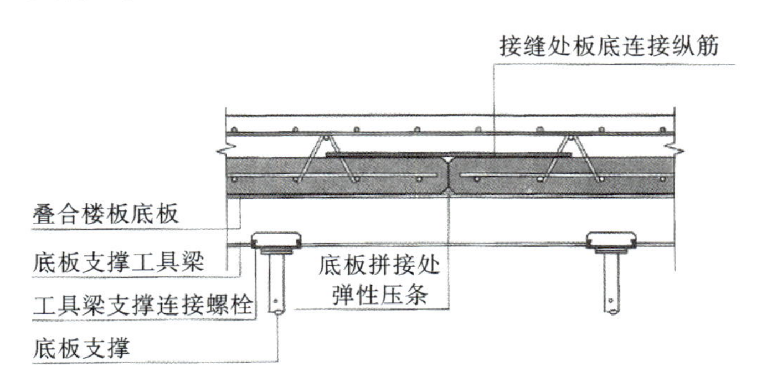

图2.4　单向板拼缝做法

综合来看,单向叠合板对生产和施工比较有利,但是在接缝位置比较容易产生裂缝,影响观感。因此,对裂缝不敏感(比如有吊顶或者其他装饰装修遮挡)且按照单向设计配筋主受力方向钢筋增量不大的部位,优先考虑单向叠合板。

叠合板出筋设计极大地限制和影响了生产和施工效率，市场迫切需要四面不出筋的叠合板以解决生产和施工问题。2020 年 6 月 28 日，中国工程建设标准化协会发布第 633 号通知，自 2020 年 12 月 1 日起《钢筋桁架混凝土叠合板应用技术规程》(T/CECS 715—2020)开始施行。四面不出筋的叠合板采用密拼整体式接缝，通过合理的构造方法，其受力状态等同于现浇结构。此种板型对密拼接缝处裂缝控制的效果尚需实际项目检验。

知识点 5：板型选择对计算的影响

根据《装配式混凝土结构技术规程》(JGJ 1—2014)6.6.3 条规定，叠合板可根据预制板接缝构造、支座构造、长宽比按照单向板或双向板设计。当预制板之间采用分离式接缝时，宜按单向板设计。长宽比不大于 3 的四边支承叠合板，当预制板之间采用整体式接缝或无接缝时，可按双向板设计。板型选择对计算的影响见表 2.11。

表 2.11　叠合板板型选择

长宽比	现浇结构判定	构造做法	装配式结构判定
>3	单向板	分离式接缝(单向叠合板)	单向板
		整体式接缝(双向叠合板)	单向板
≤3	双向板	分离式接缝(单向叠合板)	单向板
		整体式接缝(双向叠合板)	双向板

考虑到叠合板实际由预制板和现浇层构成，对于四面支承长宽比不大于 3 但是采用了分离式接缝(单向叠合板)的房间，楼板底筋部分断开受力状态为单向板受力，楼板上层钢筋为一个整体，受力状态介于单向板和双向板之间，且随着现浇层厚度逐渐加大，受力状态逐渐向双向板靠近。因此在实际项目中，针对此种情况一般采用底筋按照单向板计算，顶筋按照单向板和双向板取包络的方式设计。

知识点 6：预制板边缘部位的倒角的作用

叠合板常用的倒角包括上倒角和下倒角，如图 2.5 所示。

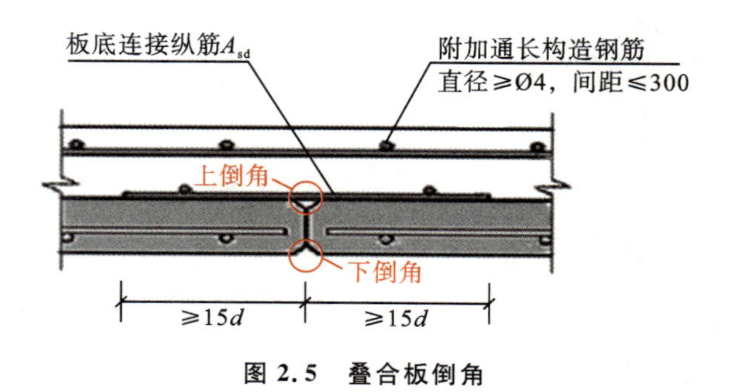

图 2.5　叠合板倒角

1. 上倒角的作用

密拼式接缝中预制板顶需要添加补强钢筋，由于接缝部分裂缝开展，补强钢筋会直接接触外部空气，设置上倒角可满足钢筋保护层厚度要求；对于单向叠合板来说，接缝处为薄弱部位，设置上倒角可以起到补强作用，增加接缝处现浇层刚度，避免楼板上层现浇混凝土在此部位的裂缝开展，影响结构安全。

2. 下倒角的作用

由于生产和施工误差，密拼式接缝结合面不能够完全贴合，下部接缝特别影响观感。通过设置下倒角和抹灰，可提升结构观感质量。

结合其他构造措施，也可以部分发挥避免空气侵入、提高耐久性的作用。

3. 设置建议

倒角会增加生产和施工成本，应当尽可能少地设置。因此常规情况下，对于单向叠合板仅在不出筋的板边设置上倒角，单向叠合板之间的接缝为密拼式接缝时需要同时设置下倒角。出筋的双向叠合板可以不设置倒角。

小贴士

钢筋混凝土梁板结构是土木工程中应用最为广泛的一种结构。钢筋混凝土楼（屋）盖是建筑结构中的重要组成部分，在钢筋混凝土结构建筑中，楼（屋）盖的造价占房屋总造价的30%～40%。因此，楼盖结构选型和布置的合理性，以及结构计算和构造的正确性，对建筑的安全使用和技术经济指标有着非常重要的意义。

工作环节一：模型准备

引导问题6：下载工作任务中的文件，利用PKPM-PC软件创建“预制板”模型。

小提示：预制板拆分需要有正确的结构模型，要求预制板位置、尺寸及支座截面宽度正确。

工作环节二:叠合板的拆分设计

引导问题 7:完成工作任务中给定工程的叠合板拆分。

小提示:PKPM－PC 提供【拆分布板】和【识图建板】2 种创建预制板的方式。拆分布板的步骤:预制属性指定→参数化拆分(交互拆分)→拆分修改→预制板复制。

相关知识点

【视频】2.1－楼板拆分与修改

知识点 7:PKPM－PC 软件中叠合板预制属性的指定

双击【项目浏览器】→【标准层 1】,切换到标准层 1 的视图中。执行【方案设计】→【预制属性指定】命令,弹出对话框,如图 2.6 所示,勾选【预制板】前的复选框。点选或框选需要拆分的楼板,指定预制属性的楼板颜色发生变化。

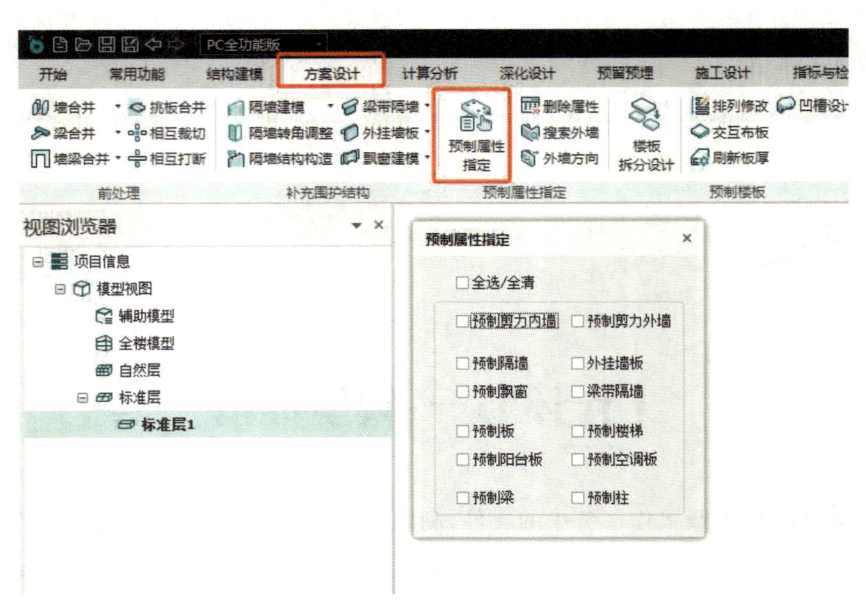

图 2.6　执行预制属性指定命令

知识点 8:PKPM－PC 软件中叠合板参数化拆分及交互拆分

1. 参数化拆分

执行【方案设计】→【楼板拆分设计】命令,左侧弹出【板拆分对话框】,如图 2.7 所示。在左侧页签选择【钢筋桁架叠合板】,调整拆分参数。

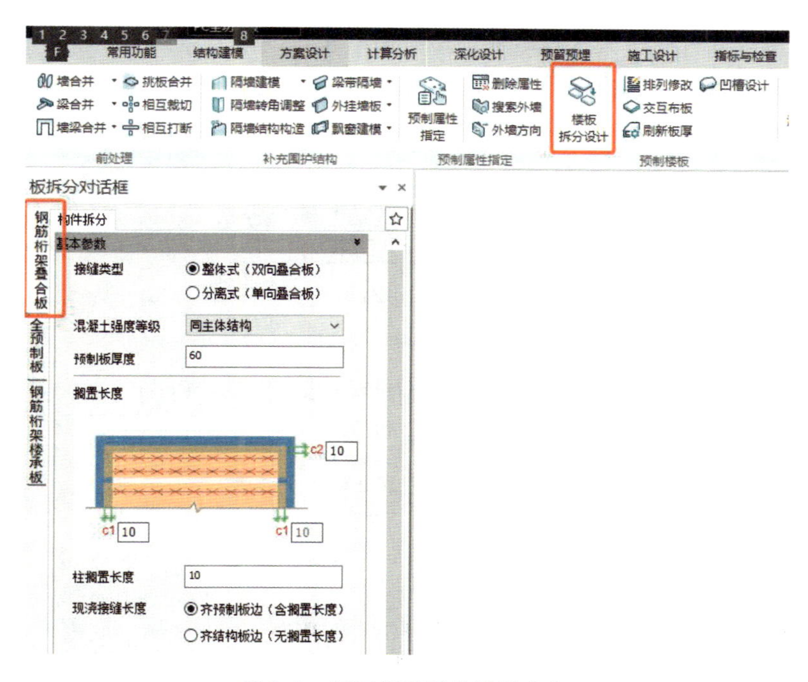

图 2.7　打开楼板拆分设计命令

(1)基本参数的设置见图 2.8。

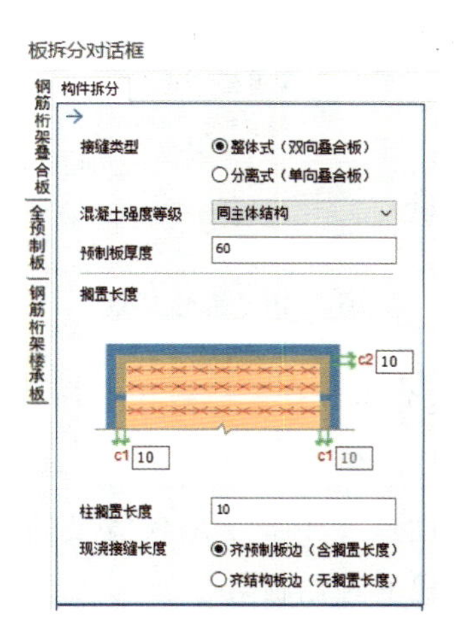

图 2.8　基本参数

①接缝类型。接缝类型分【整体式(双向叠合板)】和【分离式(单向叠合板)】两类。

注意:接缝类型的选择,一会影响计算。长宽比不大于3的楼板,当采用分离式接缝时,该楼板下部钢筋(下铁)按照单向板计算,上部钢筋(上铁)取单向计算和双向计算的包络值。二会影响钢筋端部做法。双向叠合板在叠合板间接缝处和非支承方向支座处均采用钢筋伸出的做法;单向叠合板在叠合板间接缝处不出筋,非支承方向支座处可选出筋。因此,叠合板板缝处钢筋做法仅对双向叠合板生效。

②搁置长度。搁置长度控制预制板与支座水平搭接的尺寸,即图2.9中的b值。搭接为正,内缩为负。

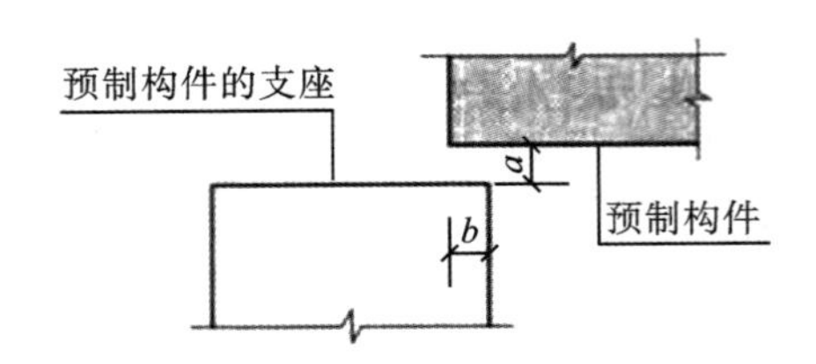

a—支承方向(拆分方向)预制板与支座水平搭接的尺寸;

b—垂直支承方向上预制板与支座水平搭接的尺寸。

图2.9 预制板与支座的水平搭接

(2)拆分参数的设置见图2.10。

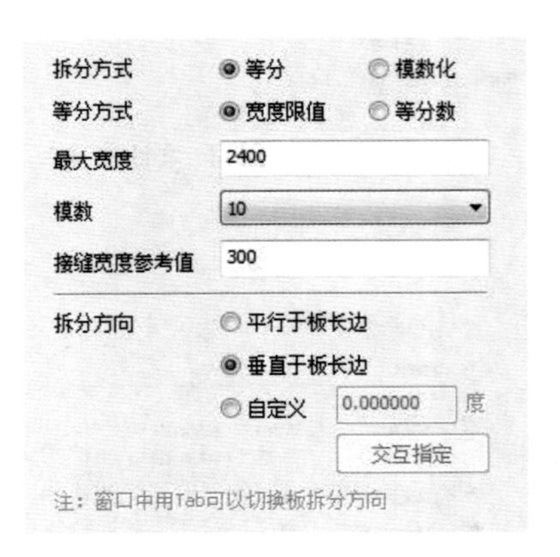

图2.10 拆分参数

根据实际设计场景,拆分方式分为等分和模数化2种。

①等分方式。等分方式有宽度限值和等分数2种。宽度限值是房间被分成的预制板宽度最大允许值。在保证预制板宽度尺寸不大于最大宽度的情况下,取最小拆分数作为等分数进行拆分。等分数是房间被分成的预制板数量。

等分拆分模式下,预制板宽度基础模数有【无】【5】【10】【50】【100】5个选项。

【无】:基础模数为1,预制板尺寸允许如3541/4567等整数。

【5】:基础模数为5,预制板尺寸允许如3505/4235等5的倍数的整数。

【10】:基础模数为10,预制板尺寸允许如3510/4230等10的倍数的整数。

【50】:基础模数为50,预制板尺寸允许如3550/4250等50的倍数的整数。

【100】:基础模数为100,预制板尺寸允许如3500/4200等100的倍数的整数。

②拆分方向。拆分方向为预制板支承方向,垂直拆分方向的预制板边一般均搁置在支座上。当一个楼板(房间)拆分为多块预制板时,预制板接缝方向平行于拆分方向。

程序提供了【平行于板长边】【垂直于板长边】【自定义】3个选项。在执行板拆分(选择)的状态下,按【Tab】键可以切换板的拆分方向。

【平行于板长边】:拆分方向(接缝)平行于板长边。

【垂直于板长边】:拆分方向(接缝)垂直于板长边,与楼板的主受力方向一致。

【自定义】:使用输入的角度作为拆分方向。全局坐标系下,水平向右为0.000°,逆时针方向为正。

注意:当结构板为异形板时,长边方向按补齐为矩形后的板长边确定。

(3)构造参数的设置见图2.11。

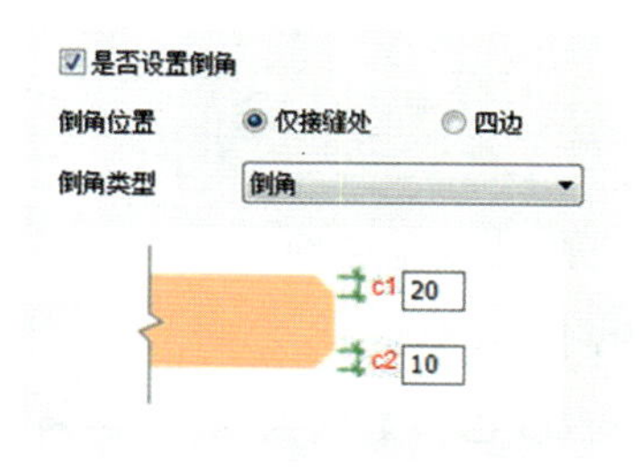

图2.11　构造参数

勾选【是否设置倒角】即可进行倒角的设置。倒角位置控制倒角设置在预制板的哪一个边上,有【仅接缝处】和【四边】2个选项。选择【仅接缝处】时,仅在板缝处的板边生成倒角。

倒角类型包括【倒角】【倒边】和【直角倒角】3种类型,其参数意义见图2.12。

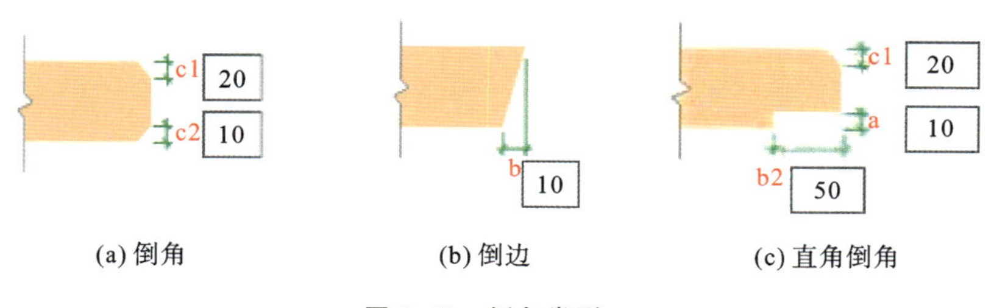

(a)倒角　　(b)倒边　　(c)直角倒角

图2.12　倒角类型

2. 交互拆分

交互拆分是由拆分参数确定预制板非平面几何属性，预制板长宽尺寸和位置通过在模型界面中绘制矩形的方式确定。

执行【方案设计】→【交互布板】，弹出【板拆分对话框】，如图 2.13 所示。

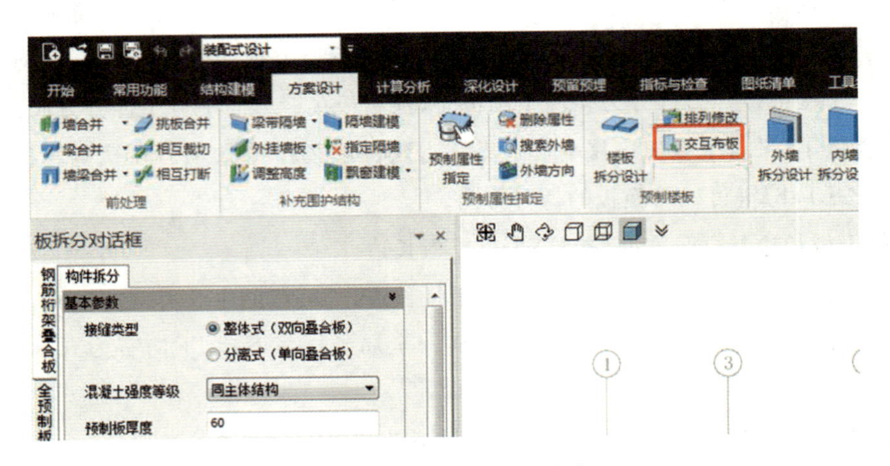

图 2.13　打开交互布板命令

操作步骤如下：

①设置拆分参数；

②以两点确定一个矩形，在空白处点左键确认；

③重复上述步骤直至完成预制板设计。

注意：当绘制的两个点是结构板（已指定预制属性）边的点时，生成的预制板将与结构板建立关联关系。

知识点 9：PKPM－PC 软件中叠合板参数化修改

1. 拆分修改

执行【方案设计】→【排列修改】命令，弹出【拆分参数修改设置】对话框。左键点击需要修改的楼板，该楼板的拆分段信息读取到对话框中。修改拆分段信息后，如图 2.14 所示，点击【应用】按钮，将修改的参数应用给该楼板。点右键退出【排列修改】命令。

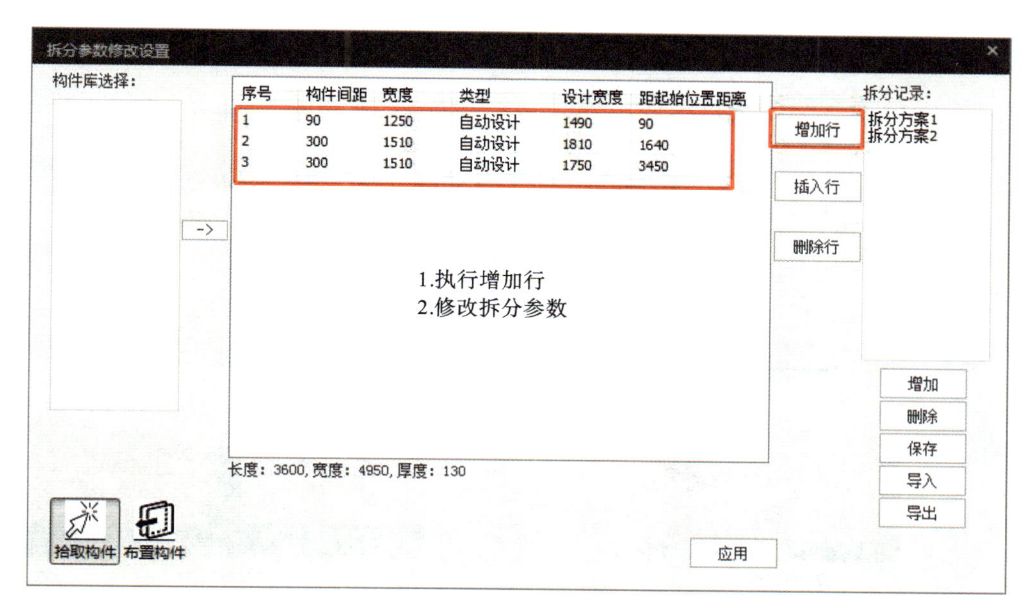

图 2.14　修改拆分段信息

2. 预制板复制

(1)镜像复制。执行【方案设计】→【构件复制/镜像】命令，弹出【复制预制构件】对话框。选择【镜像复制】并勾选【预制板】复选框，如图 2.15 所示。框选需要镜像复制的预制板，右键确认选集。两点绘制镜像轴，完成镜像复制。

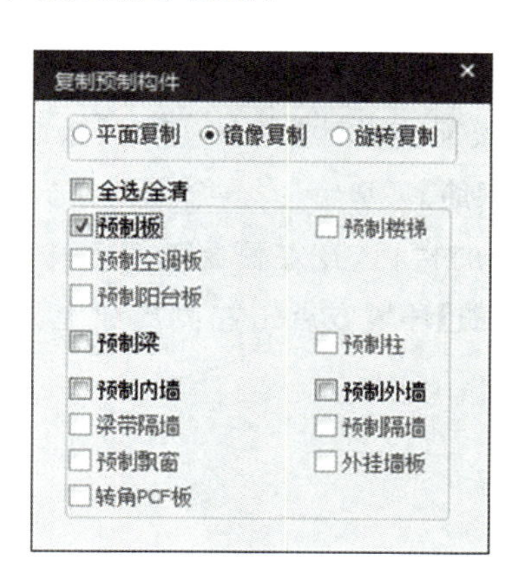

图 2.15　参数设置

(2)平面复制。修改参数为【平面复制】，勾选【预制板】复选框不变。选择需要复制的预制构件，右键确认选集。先选择模型的复制基点，再选择复制的目标点，如图 2.16 所示。点右键退出【平面复制】，再次点右键退出【复制预制构件】命令。

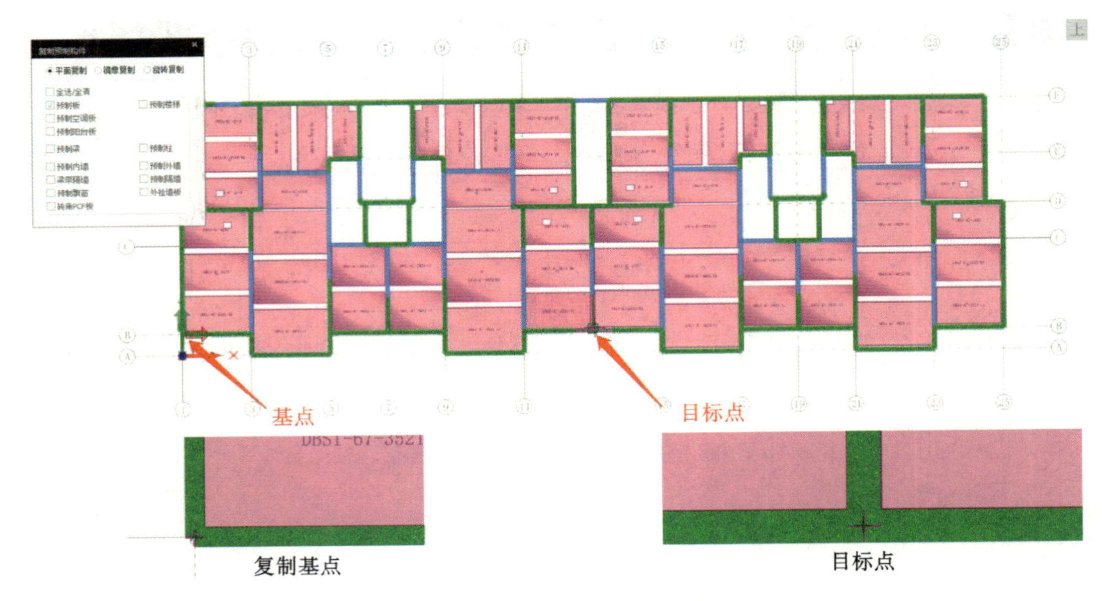

图 2.16　复制基点和目标点

工作环节三:叠合板的配筋设计

引导问题 8:完成工作任务中给定工程叠合板的配筋设计。

小提示:叠合板配筋设计的步骤:

(1)执行【深化设计】→【楼板配筋设计】命令,弹出【板配筋设计对话框】。点击顶部的【板配筋值】按钮,进入【板实配钢筋】环境。

(2)选择需要修改实配钢筋的楼板,在左侧配筋参数中修改配筋值。修改完成后点击【应用】。点右键退出【板实配钢筋】环境或点击左侧界面上方【返回板配筋设计】,返回配筋设计界面。

相关知识点

知识点 10:叠合板配筋参数的设置

【视频】2.2-板配筋和埋件设计

1. 板底筋参数

(1)保护层厚度。保护层厚度是指叠合板最下层底筋到叠合板底面的净距。

注意：该参数不影响钢筋排布时，钢筋端部和钢筋侧面到预制板侧边的距离。

(2)底筋排布方式。程序提供【对称排布】和【顺序排布】2 种模式，如图 2.17 所示。

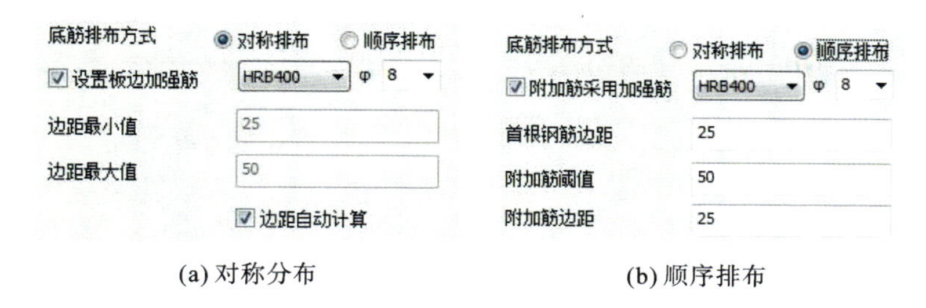

(a) 对称分布　　(b) 顺序排布

图 2.17　叠合板底筋排布方式

①对称排布。排布完成后，底筋间距呈中心对称的排布规律。对称排布时，中间间距为配筋值中输入的【钢筋中心间距】，始末钢筋到预制板边的距离相等且位于【边距区间】内，始端第一根和第二根钢筋间距与终端第一根和第二根钢筋间距相等，且不大于【钢筋中心间距】。

②顺序排布。顺序排布将【首根钢筋边距】作为第一根放置位置，然后按照【钢筋中心间距】依次排布，直到钢筋到另一边距离不大于【钢筋中心间距】。此时，若末根钢筋到板边距离大于【附件筋阈值】时，则在距边“附加筋边距”位置添加一根附加钢筋。顺序排布起始端为靠近预制板局部坐标系的一边。

(3)单向叠合板出筋。程序提供【拆分向支座】和【所有支座】2 个选项，如图 2.18 所示。

【拆分向支座】:仅与拆分方向平行的钢筋伸出，伸出长度参考支座位置控制。另一个方向钢筋不伸出混凝土。

【所有支座】:单向板上与支座直接相关的板边均出筋。因此，对中间板来讲，该选项效果与【拆分向支座】无差别。对首末块单向板来讲，除了接缝边外的所有边均出筋。

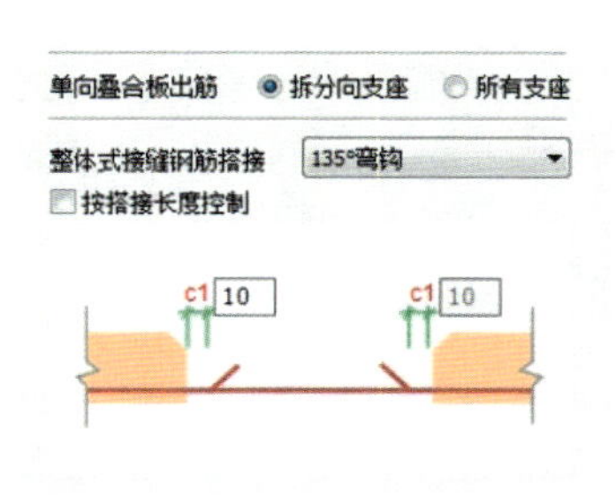

图 2.18　叠合板底筋参数端部做法

①整体式接缝钢筋搭接。该选项仅对采用整体式接缝的预制板生效，可以选择【直线搭接】【90°弯钩】【135°弯钩】【弯折搭接】【180°弯折】【180°圆弧】6 种构造方式。取消勾选【按搭

接长度控制】，双向板接缝处钢筋伸出长度＝接缝长度－c1，如图 2.19 所示。

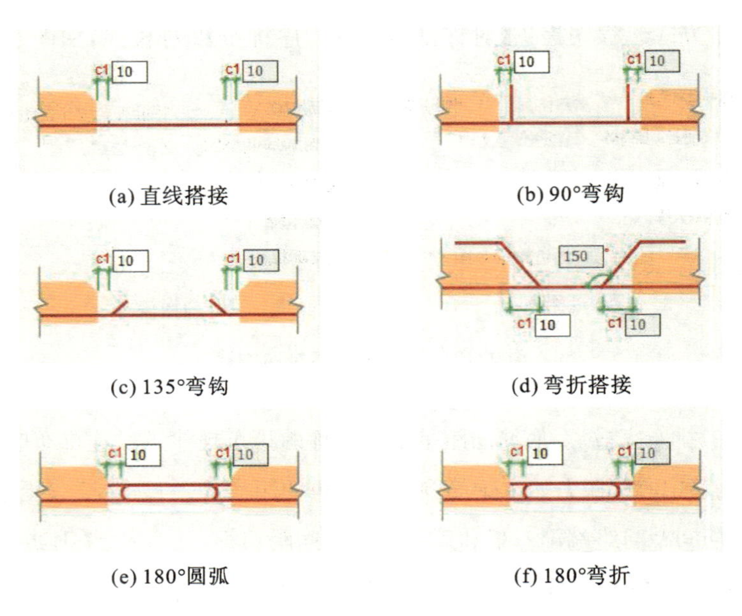

图 2.19　叠合板接缝钢筋搭接方式

②按搭接长度控制。勾选【按搭接长度控制】时，按照搭接长度控制伸出钢筋长度，不保证钢筋到相邻预制的距离，如图 2.20 所示。

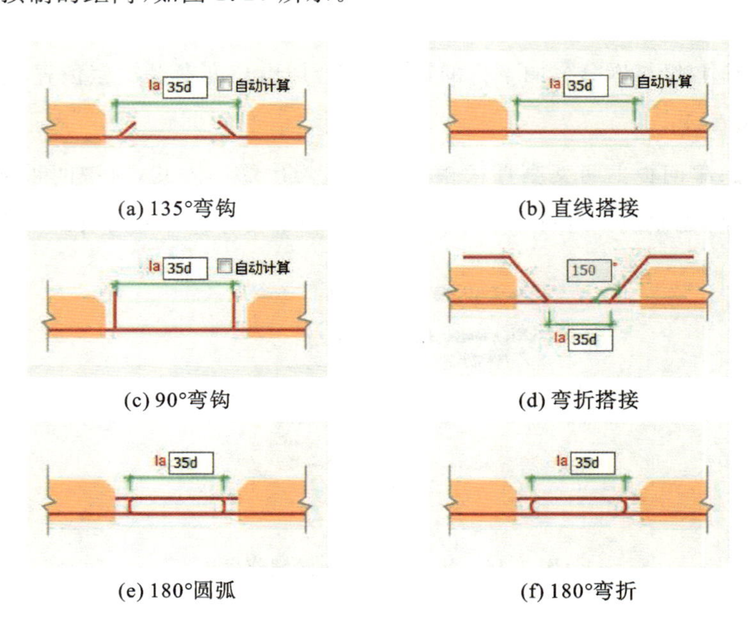

图 2.20　叠合板接缝钢筋按搭接长度控制的搭接方式

(4)桁架参数。勾选【设置桁架】可以进行桁架参数的设置;取消勾选时,叠合板上无桁架。

①桁架排布方向。桁架排布方向以预制板长边为基准进行控制,有【平行于预制板长边】和【垂直于预制板长边】2 个选项。当预制板 2 个边长度相等时,以拆分方向作为桁架排布方向。

②桁架与钢筋相对位置。由于桁架方向已经确定,因此可以通过常见排布方式控制底筋钢筋网片 2 个方向上钢筋的上下关系及桁架高度尺寸。该参数提供了 3 个选项,如图 2.21所示。

图 2.21　桁架与钢筋相对位置

位置 1:平行桁架方向的底筋置于上层,桁架底面与同向钢筋底面齐平。桁架底面高度=保护层厚度+垂直桁架方向钢筋直径。

位置 2:平行桁架方向的底筋置于下层,桁架下底面与垂直桁架方向底筋顶面齐平。桁架底面高度=保护层厚度+平行桁架方向钢筋直径+垂直桁架方向钢筋直径。

位置 3:平行桁架方向的底筋置于下层,桁架下弦筋上皮与同向钢筋顶面齐平。同向底筋和桁架底筋需同时满足保护层厚度的要求。垂直桁架方向钢筋置于桁架下弦筋上皮。

③桁架长度模数。程序提供了【200】【100】【无】3 个选项。

【200】:桁架长度模数的代表性数字,其实质为桁架步距λ(桁架波峰到波峰的距离,常用距离为 200)。在保证桁架端部到板边距离不小于【缩进最小值】的情况下,取允许的最大值($200\times N$)作为单根桁架总长度。

【100】:桁架长度模数的代表性数字,其实质为半个桁架步距$\lambda/2$。在保证桁架端部到板边距离不小于【缩进最小值】的情况下,取允许的最大值($100\times N$)作为单根桁架总长度。

【无】:板尺寸扣除桁架两侧缩进的余值(【左缩进】与【右缩进】的和)作为单根桁架总长度。

注意:单根桁架总长度并不代表桁架实际长度,桁架实际长度为单根桁架总长度扣除切角/洞口影响后的尺寸。

桁架排布的默认规则为桁架波峰或波谷对称排布,因此桁架起点和终点不一定在波峰或波谷处。

④桁架规格。通过下拉列表选择桁架规格,下拉列表中的选项来自链接的附件库。程序默认提供了【A70】【A75】【A80】【A90】【A100】【B80】【B90】【B100】等常用规格。桁架规格

可以通过【附件库】修改。

⑤桁架下弦筋伸入支座。当勾选时，桁架下弦筋伸入到支座内部，伸出长度与同向底筋伸出长度相同。

⑥桁架排布。勾选【桁架与底筋相关联】选项时，桁架布置将参考底筋排布，桁架只能布置到同向钢筋正上方。排布时总是保证首末桁架到板边的距离不大于【边距】，各桁架之间的距离不大于【间距】，且排布中边距和间距尽量靠近输入的【边距】/【间距】。勾选【桁架下底筋取消】时，桁架上弦筋对应位置的同向钢筋自动删除。取消勾选【桁架与底筋相关联】时，排布与底筋无关，按照边距和间距的控制规则排布桁架。

工作环节四：叠合板吊装埋件设计

引导问题 9：完成工作任务中给定工程的叠合板吊装埋件设计。

小提示：叠合板吊装埋件设计的步骤：

(1)点击【深化设计】→【楼板附件设计】命令，弹出【板附件设计对话框】。

(2)调整参数。

相关知识点

知识点 11：叠合板吊装埋件的设置

【视频】2.2-板配筋和埋件设计

1. 吊装埋件基本参数的设置

(1)吊装埋件类型。程序提供了【直吊钩】和【桁架加强筋】2 类，如图 2.22 所示。

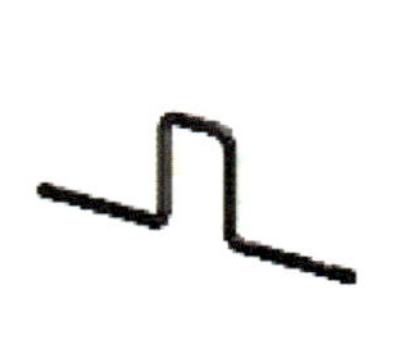

(a) 直吊钩

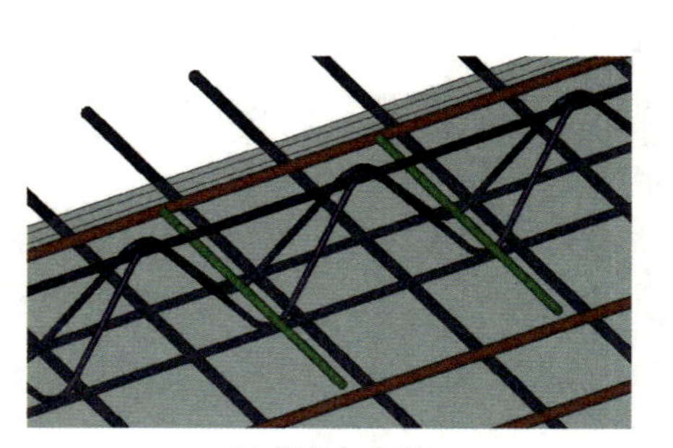

(b) 桁架加强筋

图 2.22 叠合板吊装埋件的类型

【直吊钩】:吊钩布置一般平行于钢筋网片的下层钢筋,底部平直段与另一方向的钢筋绑扎。底部平直段上皮与垂直方向钢筋下皮齐平。

【桁架加强筋】:一般放置在桁架波谷位置,加强筋下皮与桁架下弦筋上皮齐平,一组桁架加强筋为2根。

2.排布参数的确定

(1)埋件排布方式。程序提供了【自定义】和【自动排布】2种模式,如图2.23所示。

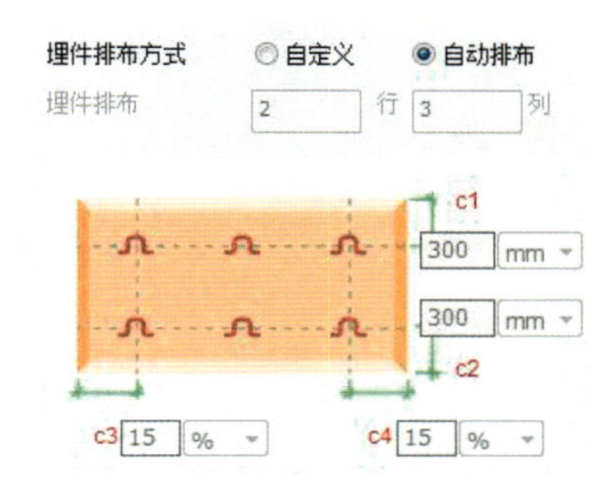

图2.23　叠合板吊装埋件的排布参数

【自动排布】:程序根据预制板长宽尺寸、混凝土、桁架相关信息,以保证调运过程中叠合板不因弯矩过大发生混凝土开裂为目标,取试算通过的最少点位布置。程序每个方向上最多支持计算5跨(4排吊点)。

注意:【自动排布】仅考虑弯矩计算通过,并不计算吊点承载力是否通过。

【自定义】:自定义模式下,程序开放了吊件布置的行列数量及排布范围。

工作环节五:叠合板机电预留预埋

引导问题10:完成工作任务中给定工程的叠合板洞口、机电专业线盒及PC预埋线盒凹槽的生成。

引导问题11:完成洞口和机电专业线盒处钢筋调整。

小提示:叠合板几点预留预埋的步骤:导入DWG→生成洞口或机电专业线盒→生成PC预埋线盒→洞口/线盒处钢筋调整。

相关知识点

【视频】2.3 -洞口的布置与钢筋调整

【视频】2.4 -线盒的布置与调整

【视频】2.5 -识图生成预留预埋

知识点 12:预留预埋布置

1. 导入 DWG

选择一个自然层,在【预留预埋】选项卡中点击【导入 DWG】按钮,如图 2.24 所示位置。跳出图纸选择对话框,选择需要导入的图纸。

载入图纸后,选择图纸中的某一点作为图纸放置的基点,如图 2.25 所示;然后确定基点放置的位置(有 2 种方法,一是选择输入一个坐标点,二是在屏幕工作区域指定位置放置);完成导入。

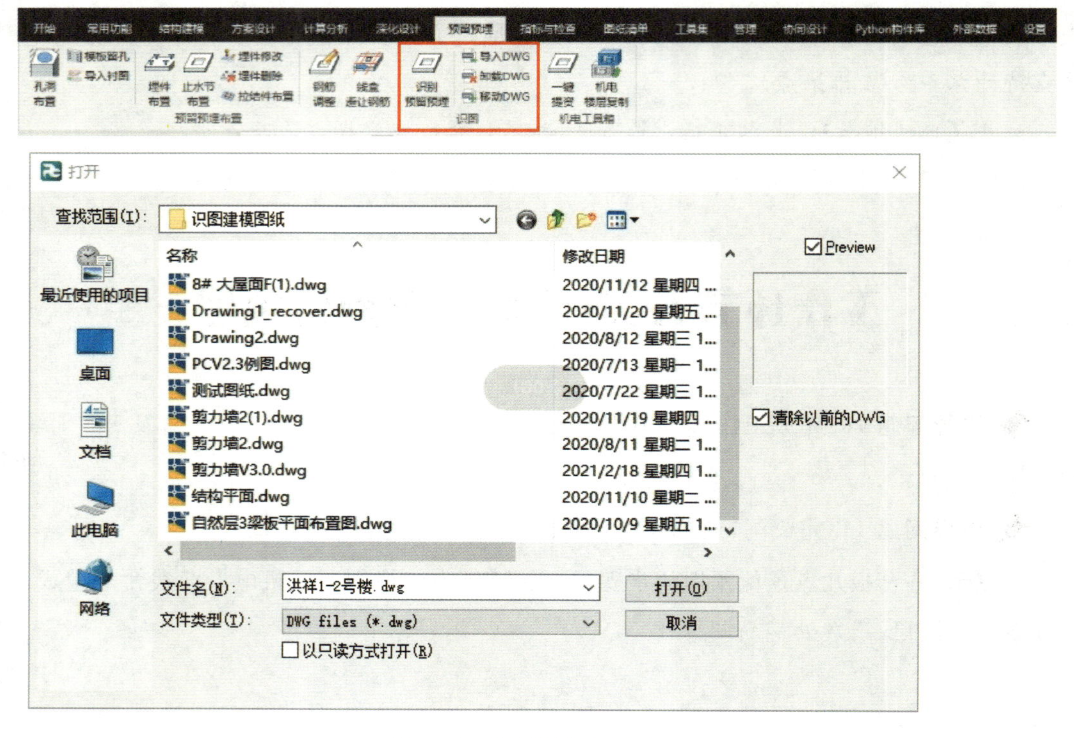

图 2.24 预留预埋图纸导入

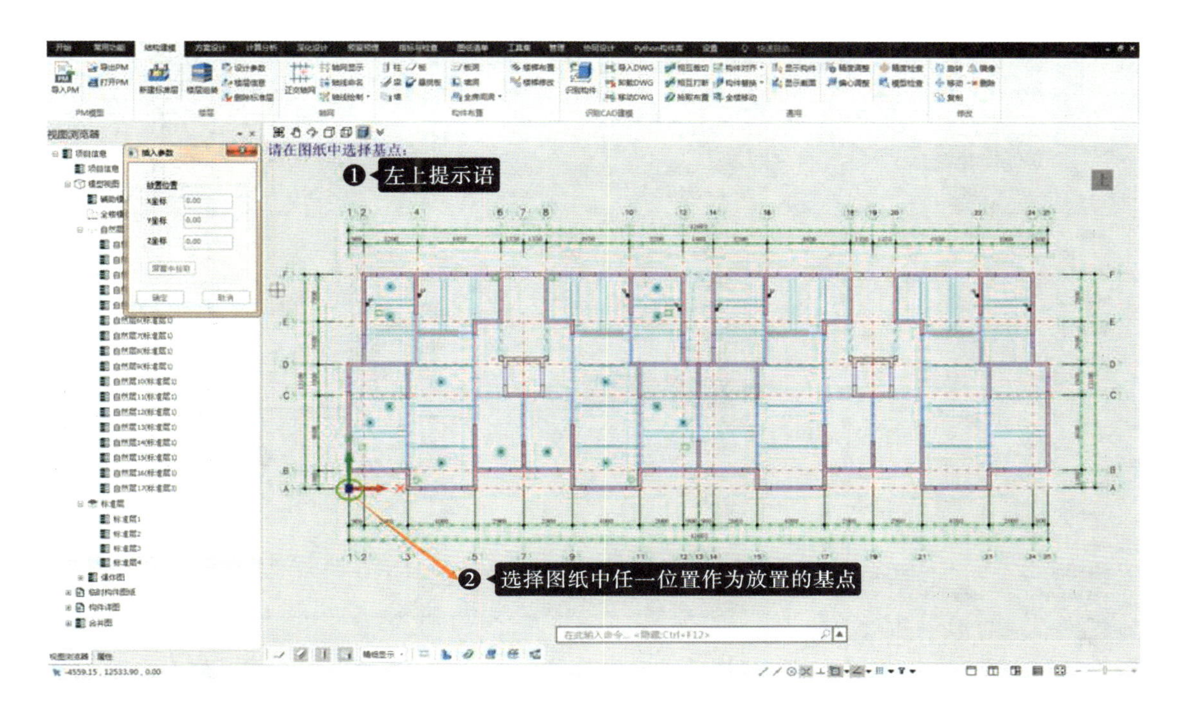

图 2.25　图纸导入基点位置的确定

2. 识别预留预埋

点击【识别预留预埋】按钮，弹出识别构件对话框，点击对话框中的【设置】按钮，可以展开对话框；点击【识别预留预埋】中的【板洞】和【板线盒】按钮，选择图纸中相应的图层，在构件类别后的对话框中会显示相应的图块名称，如图 2.26 所示。可最多选择 3 种不同图层的接线盒，以及 2 种墙上线盒。点击确定后，程序会自动生成线盒和洞口，吸附在相应的预制墙和预制板上。

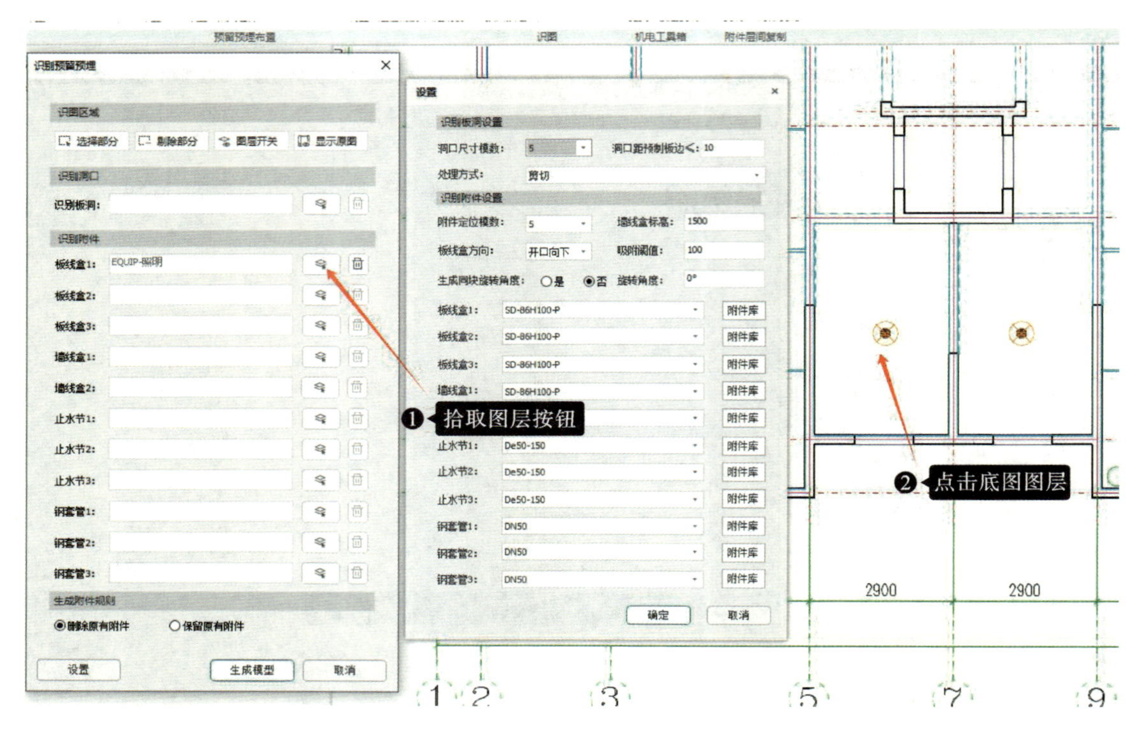

图 2.26 板洞和板线盒按钮示意

3. 识别预留预埋参数设置

在识别预留预埋展开的对话框中可以对识别的线盒、洞口的参数进行设置，如图 2.27 所示。

【识图区域】：包含【选择部分】【剔除部分】【图层开关】【显示原图】，可以通过本部分功能对导入的 DWG 进行部分图素的隐藏和显示控制。

【识别板洞设置】：可设置洞口尺寸模数及洞口在板边时的处理方式。程序将自动处理生成的洞口尺寸，使其符合相应的尺寸模数。洞口距离板边过近时，可设置临界值，程序可自动对小于临界值的洞边混凝土进行剪切。

【识别附件设置】：可设置相应的线盒参数，具体参数包括【墙线盒标高】【吸附阈值】【板线盒方向】【旋转角度】，以及【线盒规格】和【附件库】按钮。

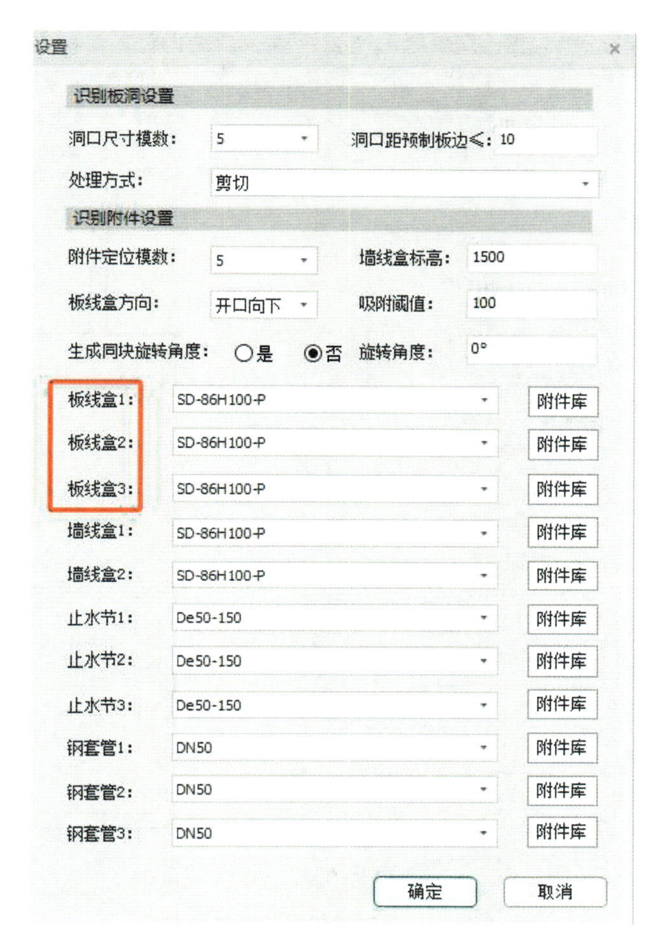

图 2.27　线盒、洞口的参数设置

4.洞口/线盒处钢筋调整

程序提供了【钢筋弯折避让线盒】和【线盒避让钢筋】2 种模式。以下以【钢筋弯折避让线盒】为例进行讲解。

①执行【预留预埋】→【钢筋调整】命令，打开洞口“钢筋调整”对话框。

②将修改类型切换到【附件处钢筋】选项，设置参数如图 2.28 所示。

③框选楼层所有线盒，进行线盒处钢筋调整。调整后效果如图 2.29 所示。

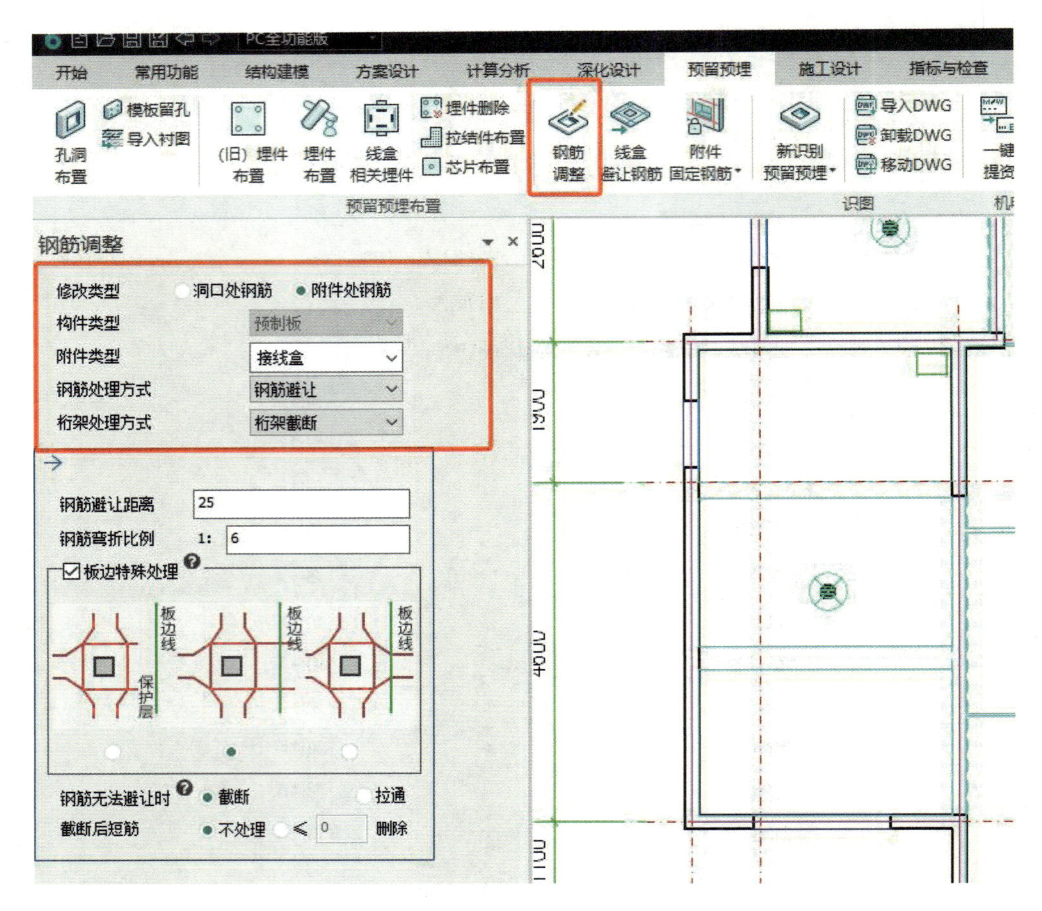

图 2.28　洞口钢筋调整参数设置

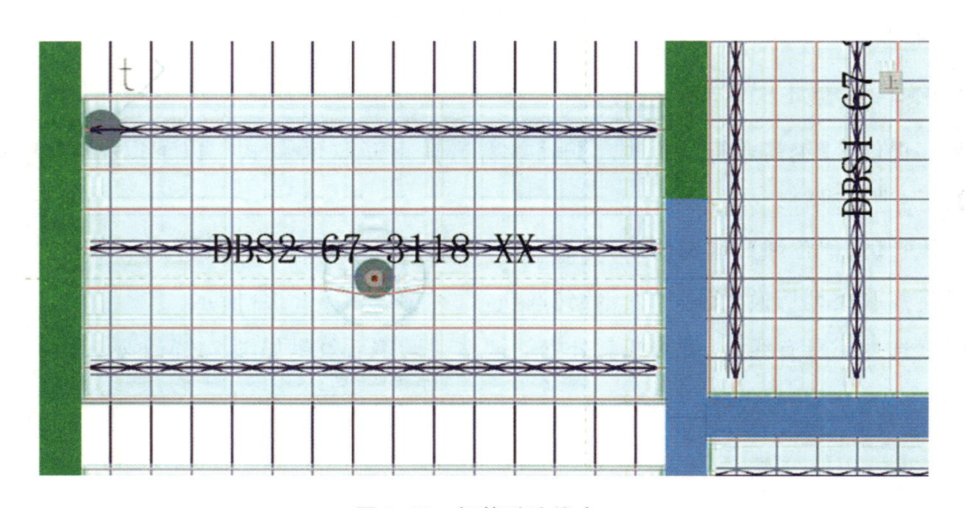

图 2.29　钢筋避让线盒

工作环节六:叠合板加工图绘制

引导问题 12:完成工作任务中给定工程的叠合板构件编号。

引导问题 13:生成叠合板构件详图。

小提示:叠合板加工图绘制的步骤:生成构件编号→构件详图生成。

相关知识点

【视频】2.6 -平面图的配置与输出

【视频】2.7 -构件图的配置与输出

知识点 13:叠合板编号生成

1. 编号生成

执行【图纸清单】→【编号生成】命令,弹出"编号生成"对话框。

(1)构件类型过滤。在编号生成界面,直接输入区分各类构件的前缀字符,并勾选将要编号的构件类型,如图 2.30 所示。

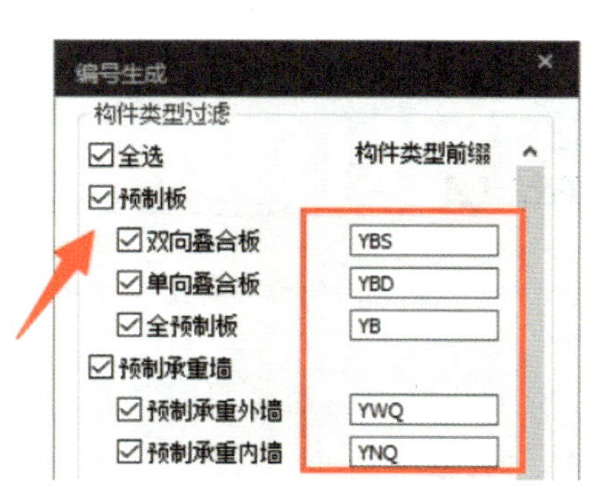

图 2.30　构件类型

(2)编号规则。编号规则可配置多套方案,并将存入模型中。当方案设置好后,直接通过【方案配置】下拉框选择即可。不同构件可选用不同的编号方案,如需调整或增加方案,直接点击【规则设置】按钮即可弹出【编号规则】对话框。当需要将模型中的方案导出、重命名、删除等时,可直接点击【编号规则】对话框顶部的按钮,实现相应功能。

【分层排序+相同构件归并编号】:每类构件在每层均会有1号,每层序号独立,层内的相同构件归并,相同构件同号。

【全楼排序+相同构件归并编号】:每类构件仅在首层会有1号,所有层的序号一同排序,全楼的相同构件一同归并,相同构件同号。

【分层排序+每个构件编号唯一】:每类构件在每层均会有1号,每层序号独立,构件序号唯一(无论是否相同,按顺序排序即可)。

【全楼排序+每个构件编号唯一】:每类构件仅在首层会有1号,所有层的序号一同排序,构件序号唯一(无论是否相同,按顺序排序即可)。

【自定义前缀/层号/构件类型】:此处几项均为编号内的可选组成部分,不需要时取消其勾选即可。当需要调整项与项之间的位置时,可点击 ← → 。另外,在【自定义前缀】输入框内可输入任意字符,用于替代项目代号、楼栋号等信息。

图2.31中红框区域为归并条件设置区,可支持最多三级归并(以树状结构归并,第一级相同的构件再区分第二级,以此类推),当需要减少编号层级时,取消对应项的勾选即可。除第一级编号必须为数字外,后两级编号都可从数字、大写字母和小写字母中选择。

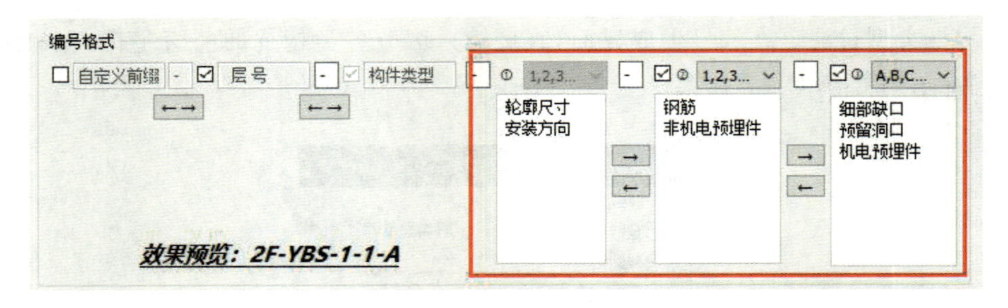

图 2.31 编号格式

【归并条件设置】:图2.32所示区域为三级编号对应的具体归并条件,可通过选择后点击方向箭头的方式切换到不同级别,参与归并。

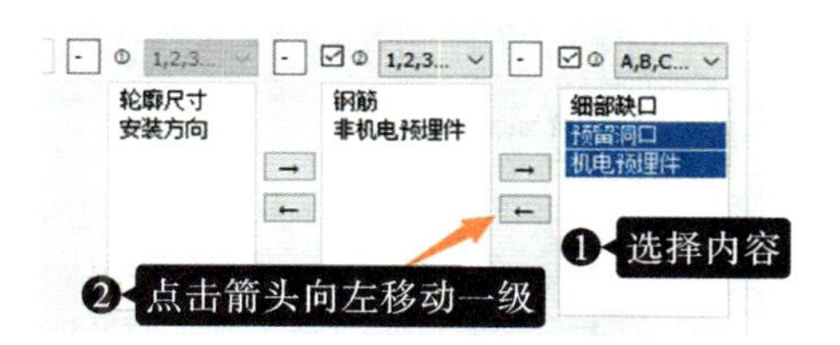

图 2.32　归并条件设置

【编号顺序】:可按图 2.33 所示选择所需的编号顺序。

图 2.33　编号顺序

(3)编号范围。

【全楼范围】:操作对全楼的所选构件类型生效。

【本层范围】:操作对本层的所选构件类型生效。

【所选中构件】:操作仅对所选中的局部构件生效。

【仅更新变更构件编号】:勾选此项时,操作仅对上次编号后发生了变更的构件生效,同时受构件类型勾选和全楼/本层/所选中的范围影响。

【与旧构件对比归并】:编号方案为归并编号时,此项可用,可维持原有构件的编号不变,仅将变更构件重新归并入已有构件,如无法归并,则从尾号顺延编号。

【原有尾号顺延】:编号方案为归并或一物一码时均可用,可维持原有构件的编号不变,仅将变更构件从尾号顺延编号。

2.详图生成

执行【图纸清单】→【构件详图生成】,弹出【基本设置】对话框。

调整基本参数设置,如图 2.34 所示,点击【确定】按钮。在弹出的【提示】对话框中选择【是】,再次弹出【选择绘制】对话框。勾选需要出图的构件,点击【出图】按钮,如图2.35 所示。

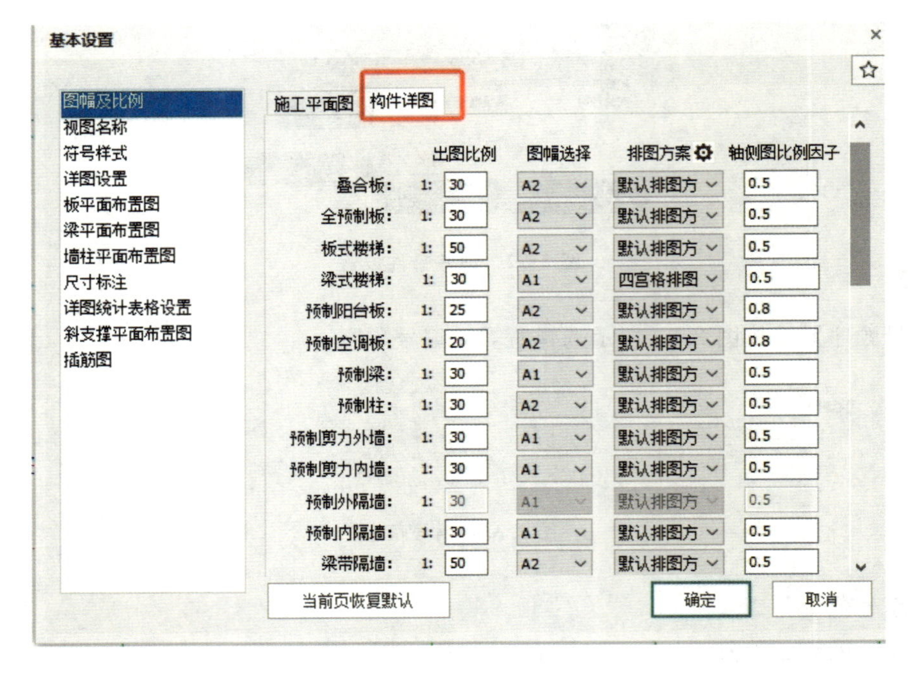

图 2.34 设置基本参数

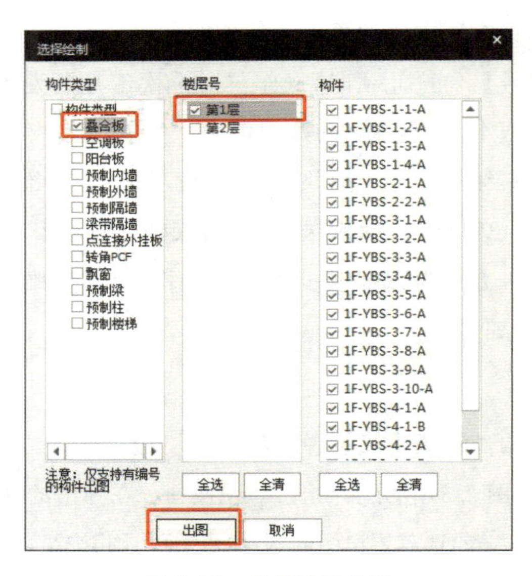

图 2.35 批量出图设置

程序自动跳转到出图流程，等待出图完成即可。所有生成的图纸全部列到左侧的项目树中，双击可以切换当前显示。生成的详图如图 2.36 所示。

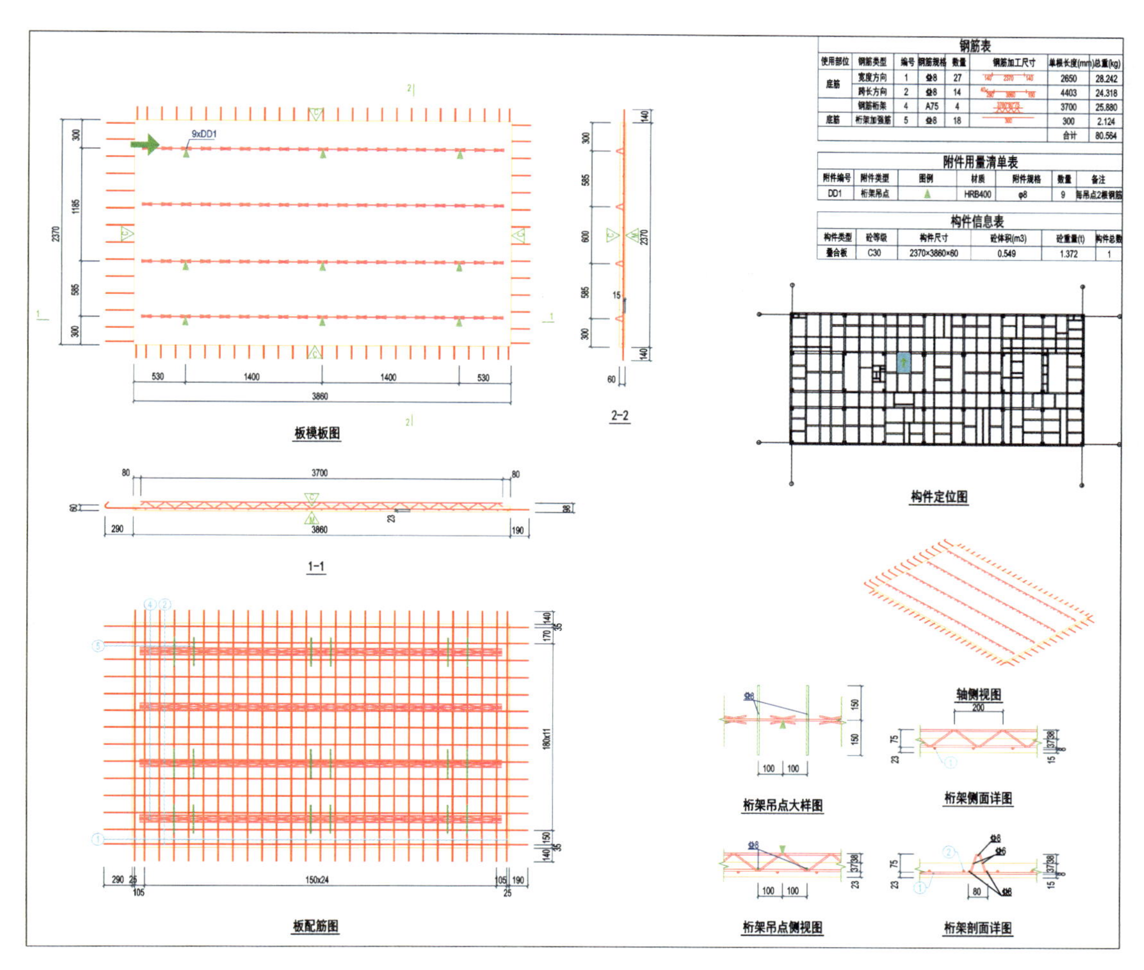

图 2.36　叠合板样图

拓展思考

利用 PKPM－PC 完成附录中剪力墙结构施工图中楼板的深化设计。

情境三

叠合梁的深化设计

叠合梁的深化设计流程一般包括叠合梁拆分设计、配筋设计、埋件设计、主次梁连接调整、梁底筋避让调整等几个环节，然后进行构件编号、详图和清单等资料的快速生成，如图3.1所示。

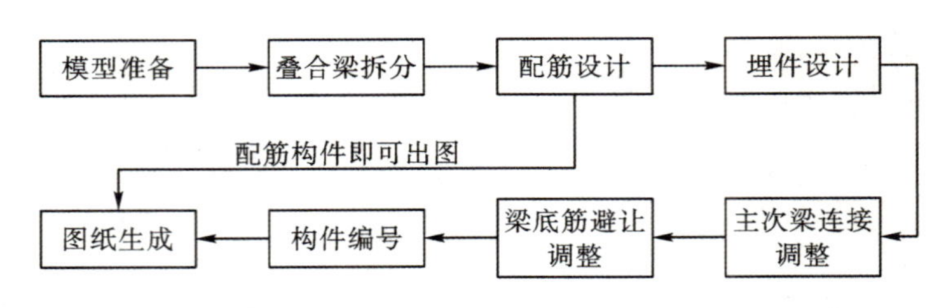

图3.1 叠合梁深化设计流程

知识目标

(1)掌握叠合梁深化设计的基本知识；

(2)掌握叠合梁深化设计施工图识读的相关知识。

能力目标

(1)能够准确识读与正确理解叠合梁深化设计加工图；

(2)能够对叠合梁进行拆分，并能绘制简单的深化设计加工图。

素质目标

(1)通过叠合梁深化设计学习及构件配合设计，学会了解并尊重团队成员，发扬合作精神，增强团队凝聚力；

(2)培养安全意识，增强社会责任感。

工作任务

利用 PKPM－PC 软件对某框架项目叠合梁构件进行拆分。可扫描右侧二维码获取梁平面布置施工图。

工作准备

(1)阅读工作任务,熟悉叠合板相关基础知识;

(2)学习《装配式混凝土结构连接节点构造》(15G310－1)叠合梁设计要点;

(3)熟悉《装配式混凝土建筑技术标准》(GB/T 51231—2016)中装配整体式框架设计规范;

(4)熟悉《装配式混凝土结构技术规程》(JGJ 1—2014)中框架结构设计规范。

获取信息

引导问题 1:预制框架梁和预制次梁构造有哪些区别?凹口预制梁有哪些构造要求?

引导问题 2:叠合梁有哪些箍筋形式?各种箍筋形式适用于哪些结构部位?

引导问题 3:叠合梁采用对接连接时后浇段箍筋如何加密?

引导问题 4:次梁底筋锚入主梁需要满足哪些构造要求?

引导问题 5:预制梁与后浇混凝土的结合面构造有哪些构造要求?常见的梁端键槽形式有哪些?

相关知识点

知识点 1:叠合梁构造要求

在装配整体式框架结构中,当采用叠合梁时,框架梁的后浇混凝土叠合层厚度不宜小于150 mm[见图 3.2(a)],次梁的后浇混凝土叠合层厚度不宜小于 120 mm;当采用凹口截面预制梁时[见图 3.2(b)],凹口深度不宜小于 50 mm,凹口边厚度不宜小于 60 mm。

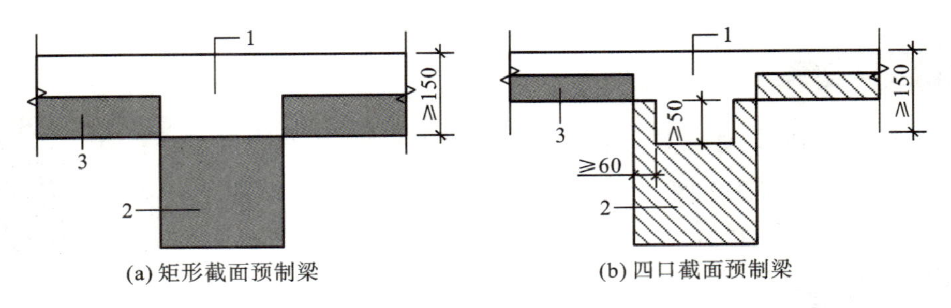

(a) 矩形截面预制梁　　(b) 凹口截面预制梁

1—后浇混凝土叠合层；2—预制梁；3—预制板。

图 3.2　叠合框架梁截面示意

采用叠合梁时，楼板一般采用叠合板，梁、板的后浇层一起浇筑。当板的总厚度不小于梁的后浇层厚度要求时，可采用矩形截面预制梁。当板的总厚度小于梁的后浇层厚度要求时，为增加梁的后浇层厚度，可采用凹口形截面预制梁。某些情况下，为施工方便，预制梁也可采用其他截面形式，如倒 T 形截面或者传统的花篮梁的形式等。

知识点 2：叠合梁箍筋配置要求

叠合梁的箍筋配置应符合下列规定：

(1)抗震等级为一、二级的叠合框架梁的梁端箍筋加密区宜采用整体封闭箍筋，如图 3.3(a)所示。

(2)采用组合封闭箍筋的形式[图 3.3(b)]时，开口箍筋上方应做成 135°弯钩；非抗震设计时，弯钩端头平直段长度不应小于 $5d$(d 为箍筋直径)；抗震设计时，平直段长度不应小于 $10d$。现场应采用箍筋帽封闭开口箍，箍筋帽末端应做成 135°弯钩；非抗震设计时，弯钩端头平直段长度不应小于 $5d$；抗震设计时，平直段长度不应小于 $10d$。

采用叠合梁时，在施工条件允许的情况下，箍筋宜采用闭口箍筋。当采用闭口箍筋不便安装上部纵筋时，可采用组合封闭箍筋，即开口箍筋加箍筋帽的形式。箍筋帽两端均采用 135°弯钩。由于对封闭组合箍的研究尚不够完善，因此在抗震等级为一、二级的叠合框架梁梁端加密区中不建议采用。

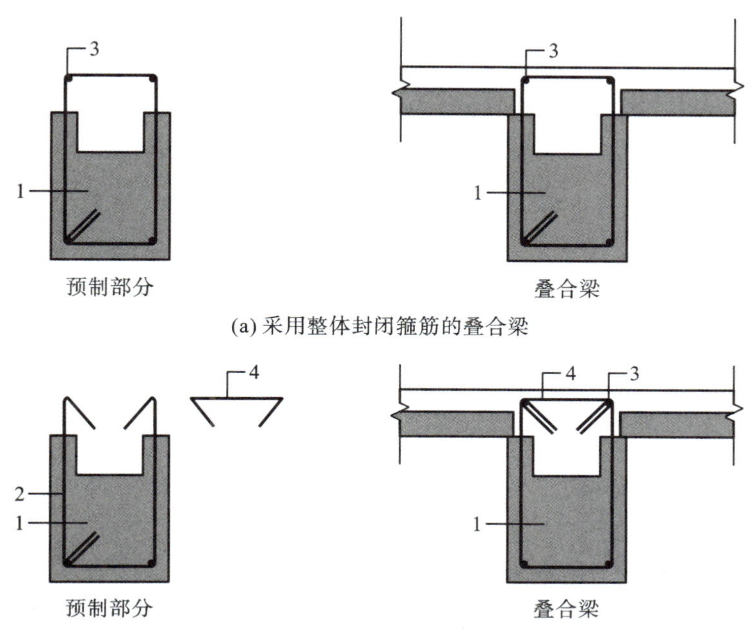

1—预制梁；2—开口箍筋；3—上部纵向钢筋；4—箍筋帽。

图 3.3　叠合梁箍筋构造示意

知识点 3：叠合梁对接连接

叠合梁采用对接连接时（见图 3.4），应符合下列规定：

(1)连接处应设置后浇段，后浇段的长度应满足梁下部纵向钢筋连接作业的空间需求；

(2)梁下部纵向钢筋在后浇段内宜采用机械连接、套筒灌浆连接或焊接连接；

(3)后浇段内的箍筋应加密，箍筋间距不应大于 $5d$（d 为纵向钢筋直径），且不应大于 100 mm。

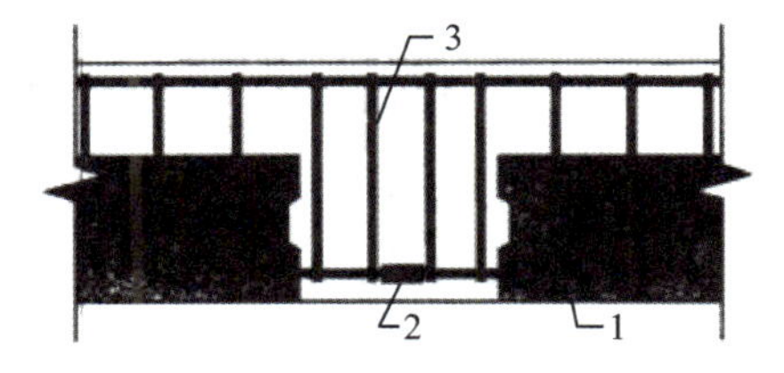

1—预制梁；2—钢筋连接接头；3—后浇段。

图 3.4　叠合梁连接节点示意

知识点 4:主次梁后浇段连接

主梁与次梁采用后浇段连接时,应符合下列规定:

(1)在端部节点处,次梁下部纵向钢筋伸入主梁后浇段内的长度不应小于 $12d$。次梁上部纵向钢筋应在主梁后浇段内锚固。当采用弯折锚固[图 3.5(a)]或锚固板时,锚固直段长度不应小于 $0.6l_{ab}$;当钢筋应力不大于钢筋强度设计值的 50%时,锚固直段长度不应小于 $0.35l_{ab}$;弯折锚固的弯折后直段长度不应小于 $12d$。

(2)在中间节点处,两侧次梁的下部纵向钢筋伸入主梁后浇段内长度不应小于 $12d$;次梁上部纵向钢筋应在现浇层内贯通[图 3.5(b)]。

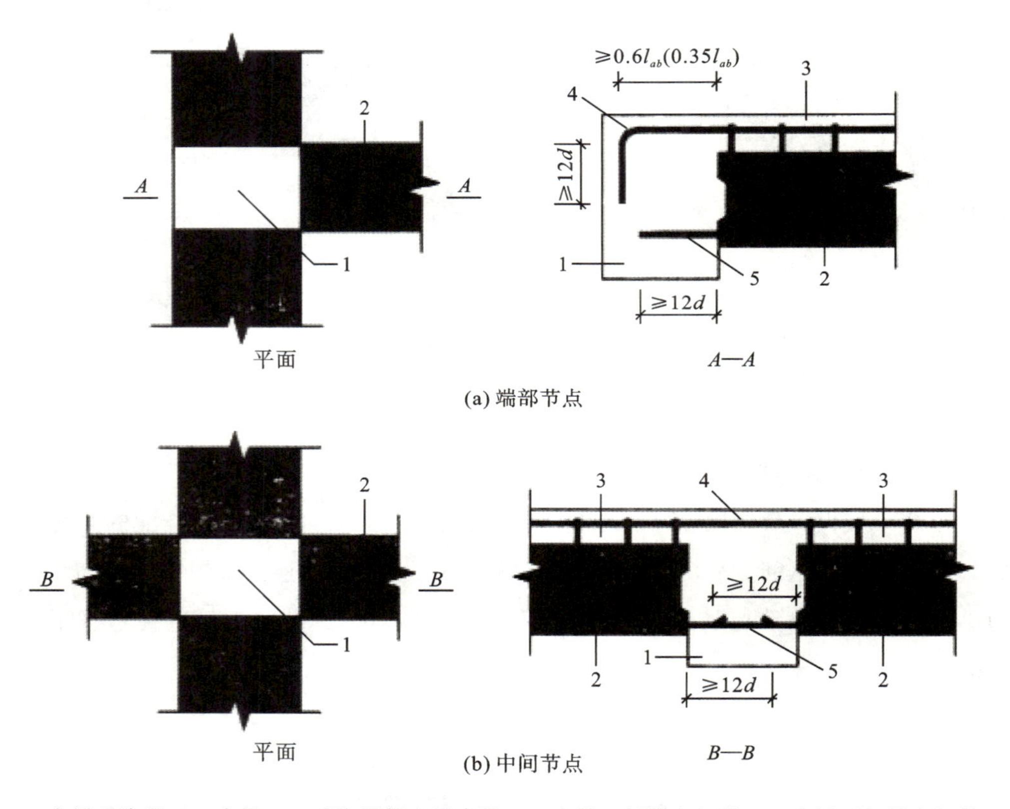

1—主梁后浇段;2—次梁;3—后浇混凝土叠合层;4—次梁上部纵向钢筋;5—次梁下部纵向钢筋。

图 3.5 主次梁连接节点构造示意

知识点 5:预制梁与后浇混凝土的结合面构造

预制梁端键槽常见的是贯通截面键槽和非贯通截面键槽,预制梁键槽口底面应设置粗糙面,粗糙面的面积不小于结合面的 80%。构造要求如图 3.6 所示。

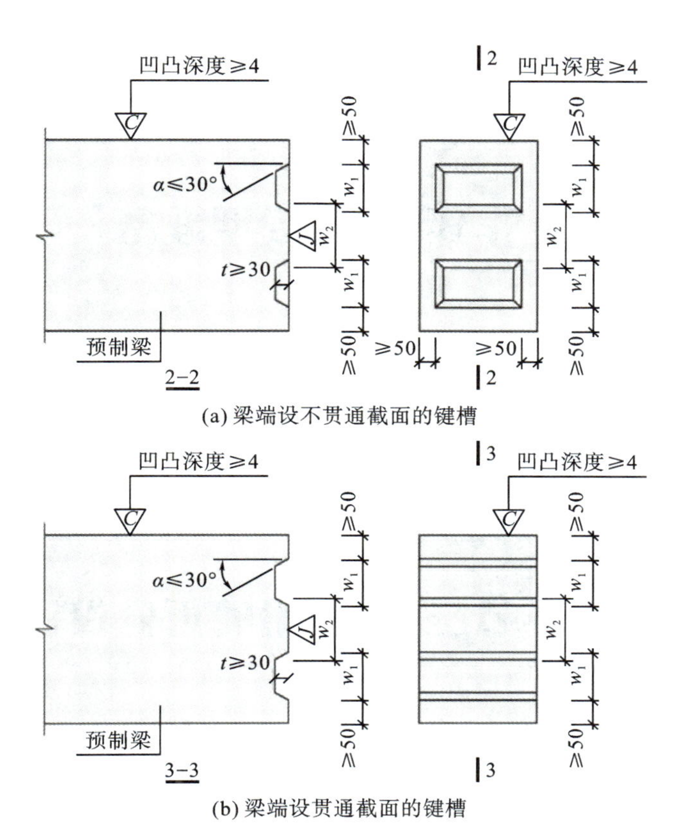

图 3.6　预制梁与后浇混凝土的结合面构造要求

小贴士

不学好专业基础知识，就不能掌握专业技能，不能胜任将来的职业岗位。作为从事建筑行业的人员来说，这更是一份社会责任，因为建筑的基础事关建筑的安全和人民的生命财产安全问题。近些年来，国内出现了一些高楼，无一不体现出建筑之美，更体现出了基础的重要性。

工作环节一：模型准备

引导问题 6： 下载工作任务中的文件，利用 PKPM－PC 软件创建【预制梁】模型。

小提示： 预制梁拆分需要有正确的结构模型，要求预制梁位置、尺寸以及支座搭接情况正确。

相关知识点

工作环节二：叠合梁的拆分设计

引导问题 7： 完成工作任务中给定工程的叠合梁拆分。

小提示： 叠合梁拆分设计的步骤：梁合并→预制属性的制定→梁拆分设计→调整拆分参数。

相关知识点

知识点 6：PKPM－PC 软件中叠合梁的拆分

1. 梁合并

PM 中梁梁相交处均会有节点，但在实际拆分时，部分梁应整根连续。所以需要进行梁合并，为叠合梁的拆分做准备。

执行【方案设计】→【梁合并】命令，勾选【仅合并主梁】，框选整层，为拆分做准备，如图3.7和图 3.8 所示。

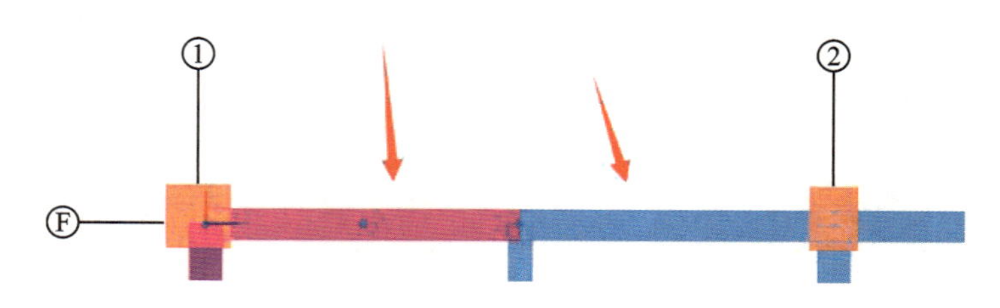

图 3.7　梁合并前效果

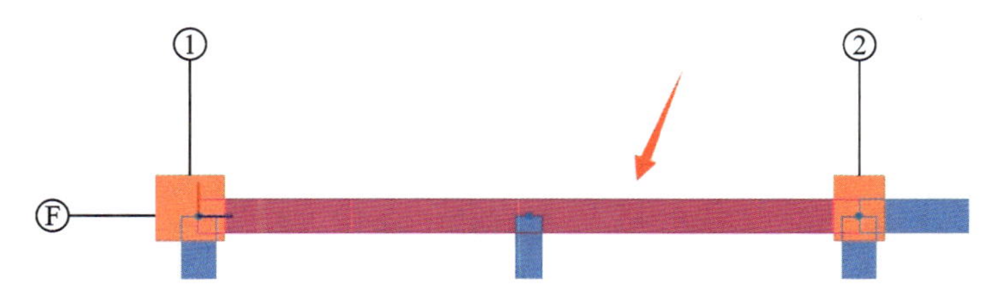

图 3.8　梁合并后效果

2. 叠合梁的拆分

【视频】3.1 -梁拆分设计

执行【方案设计】→【梁拆分设计】命令。根据需要选择【矩形截面】或【凹口截面】，调整拆分参数，参数示例如图 3.9 所示。

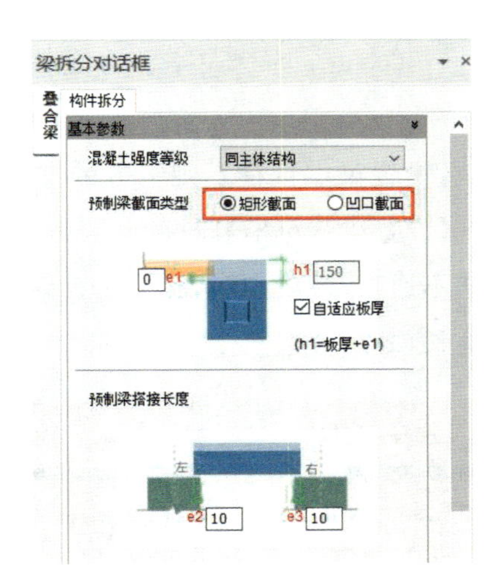

图 3.9　梁拆分参数

1）混凝土强度等级

混凝土强度等级一般按结构施工图要求设置即可，默认选择【同主体结构】，即与结构建模时设置的结构构件混凝土强度相同。若初期建模时设置有误，可直接在此处调整预制构件的混凝土强度。

2)预制梁截面类型

【矩形截面】:如图 3.10 所示,h1 为现浇高度,e1 为板底到矩形截面顶的接缝高度。勾选【自适应板厚】时,程序将根据梁上最厚的板自动计算 h1。

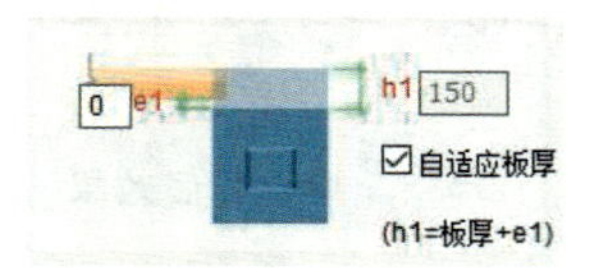

图 3.10　梁的矩形截面

【凹口截面】:各参数含义同【矩形截面】,但需注意,h1 不含凹口深度,见图 3.11。

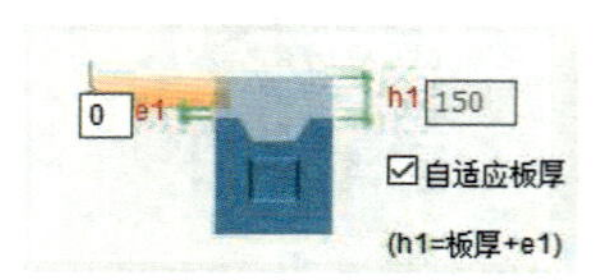

图 3.11　梁的凹口截面

3)预制梁搭接长度

此处参数用于调整预制梁两端在支座上的搭接长度,包括梁在柱和墙上的搭接长度、次梁在主梁上的搭接长度。

4)梁端键槽

需要设置梁端键槽时,勾选【设置梁端键槽】,则下方的键槽具体尺寸和排布参数生效。无须设置梁端键槽时,取消勾选【设置梁端键槽】即可。

【非贯通键槽】:键槽水平向不通长,效果如图 3.12(a)所示。

【贯通键槽】:键槽水平向通长,效果如图 3.12(b)所示。

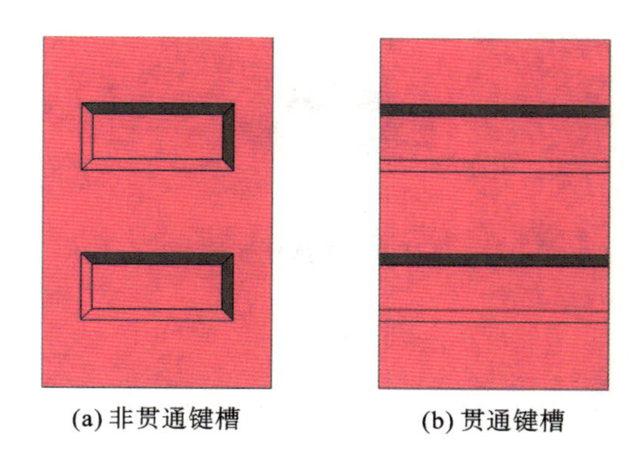

(a) 非贯通键槽　(b) 贯通键槽

图 3.12　梁端键槽

5）翻边

需要设置梁侧面翻边时，可勾选【设置翻边】并选择翻边所在侧。无须设置梁侧面翻边时，取消勾选【设置翻边】即可。

【翻边设计方式】：按需选择左右即可。左右根据预制梁局部坐标系（绿色和红色箭头）和梁上文字（DHL－3452）划分，如图 3.13 所示。翻边一般仅设置在梁的室外侧，故仅可选择左侧或右侧。

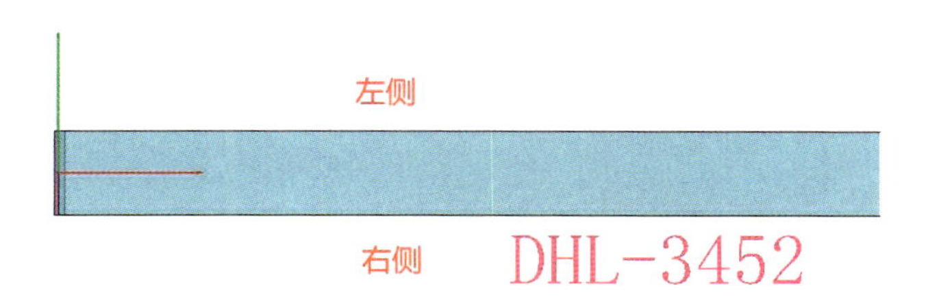

图 3.13　梁翻边设计方式

6）主次梁搭接参数

设计预制梁外形时，可以预设好主次梁搭接形式参数，所拆分出的梁外形将自动满足相关要求。如拆分时没有关注此参数，也可通过【主次梁连接】工具在后期修改。

【主梁预留凹槽】：根据次梁高度确定主梁上凹槽的深度，如果次梁底高于主梁，则主梁混凝土在二者搭接处会有部分连通，可参考参数示意图效果。

【主梁后浇带】：与【主梁预留凹槽】类似，但无论次梁高度如何，主次梁节点处的主梁混凝土都会完全断开。

【主次梁连接处键槽】：当搭接形式选为【主梁预留凹槽】或【主梁后浇带】时，可在主梁混凝土断面处设置键槽，增强节点处的抗剪能力。具体参数含义与梁端键槽相同。当勾选【参数同梁端】时，将按梁端键槽参数设计此处键槽（常用做法）。

【凹槽处腰筋处理】：当搭接形式选为【主梁预留凹槽】或【主梁后浇带】时，考虑到施工便利性，非抗扭腰筋可能被截断，此时选择【腰筋截断】即可。反之，选择【腰筋拉通】。

【牛担板搭接】：该做法来源于 15G301－1 图集第 38 页，具体参数含义同示意图标识。针对不同梁，所需的牛担板/钢垫板规格可能不同，此时可通过【附件库】按钮链接到附件库，补充、调整附件规格。规格增加后，可通过【牛担板规格】或【钢垫板规格】的下拉框直接选用。

【不处理】：忽略主次梁搭接对于主、次梁构造形式的影响，分别按独立的梁设计。

工作环节三:叠合梁的配筋设计

引导问题 8:完成工作任务中给定工程的叠合梁的配筋设计。

小提示:叠合板配筋设计的步骤:调整梁配筋值→设置配筋参数→配筋设计。

相关知识点

知识点 7:叠合梁的配筋设计

【视频】3.2 -梁配筋和埋件设计

1. 梁配筋值的调整

执行【深化设计】→【梁配筋设计】命令,左侧弹出【梁配筋设计对话框】。点击【梁配筋值】按钮,如图 3.14 所示,进入配筋值设置环境。点击【PKPM 梁施工图】进入 PKPM 施工图模块设计实配钢筋(见图 3.15),在 PKPM 施工图模块操作后,点击右上角的【写施工图】按钮并关闭施工图模块,回到 PC(接力 PKPM 施工图模块为可选步骤)。弹出计算结果读取对话框,无需勾选,点击【确定】(接力 PKPM 施工图模块为可选步骤)。无论是否接力 PKPM 施工图,均可双击原位标注修改配筋值,如图 3.16 所示。

除双击原位标注外,直接选中一根或多根梁,可统一在左侧的属性栏内修改配筋值,如图 3.17 所示。配筋值校核无误后,点击【返回梁配筋设计】按钮,准备设置配筋参数。

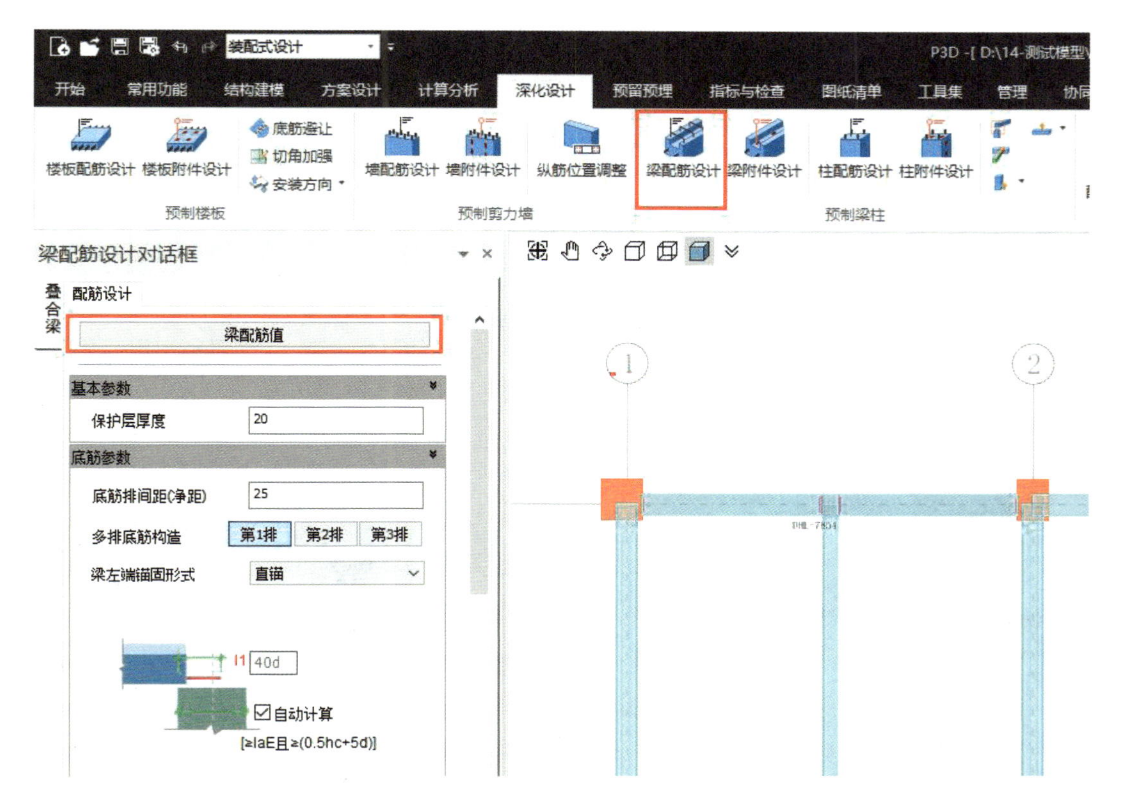

图 3.14　【梁配筋值】按钮

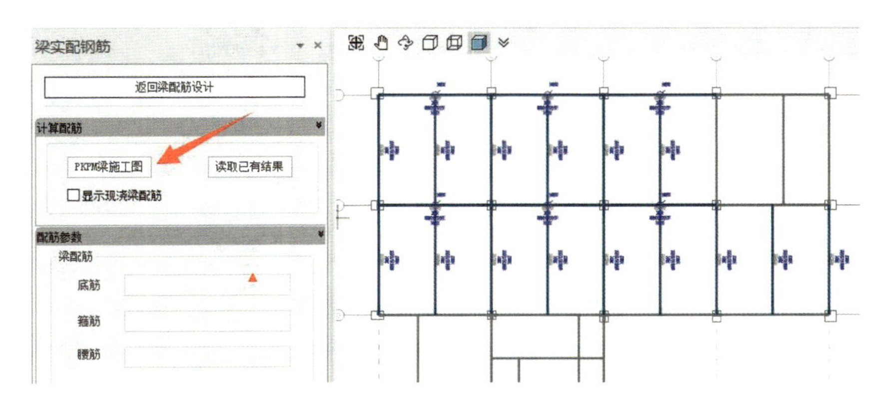

图 3.15　接力 PKPM 施工图按钮

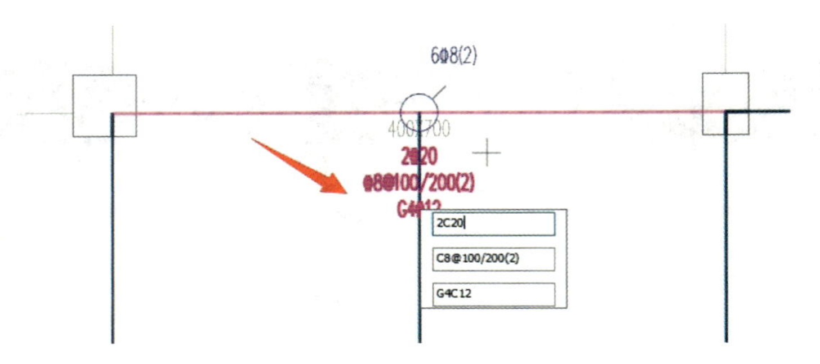

图 3.16 原位修改梁配筋值

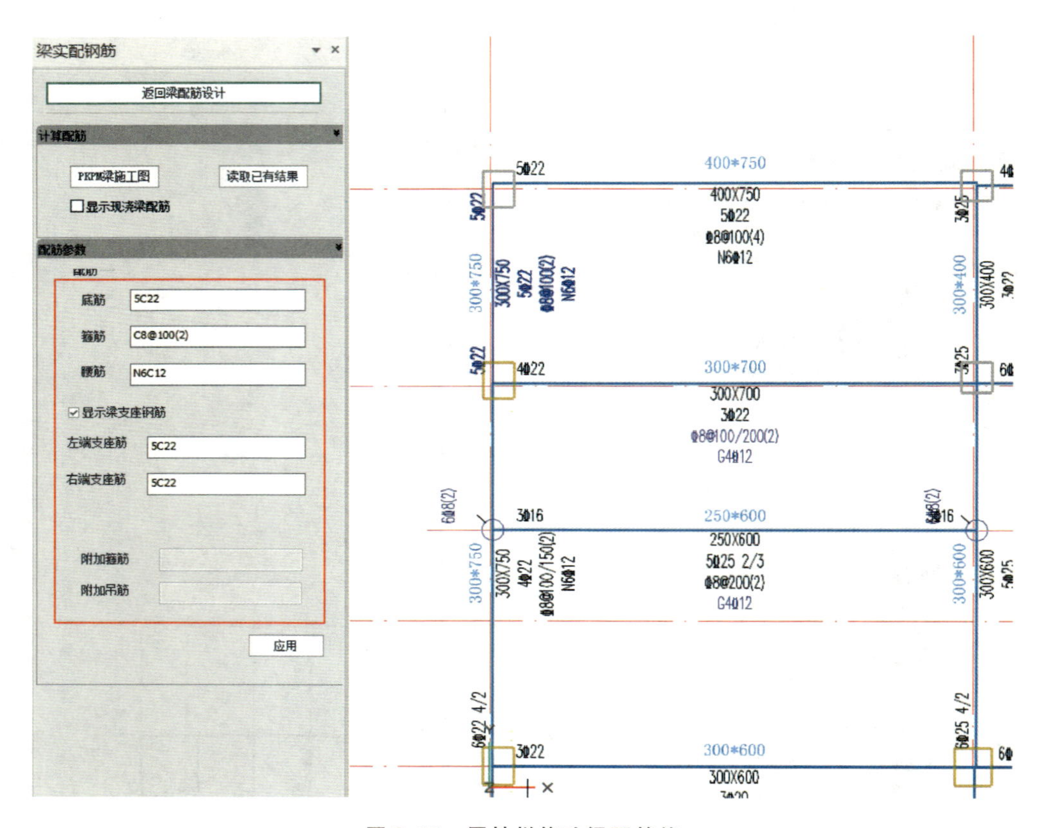

图 3.17 属性栏修改梁配筋值

2. 配筋参数的设置

1)底筋参数

【底筋排间距】:底筋存在多排时,此处参数为排与排之间的钢筋净距(钢筋外皮距离)。根据《装配式混凝土结构技术规程》要求,最终设计效果中的底筋排净距为此参数与钢筋直径间的大值。

【多排底筋构造】:梁底筋存在多排时,可逐排设计底筋锚固构造。自下而上分别为第 1 排至第 3 排,第 2 排底筋构造可选【同第 1 排】,第 3 排底筋构造可选【同第 2 排】。

【梁左/右端锚固形式】:从下拉列表中选择即可,不同选项对应不同的示意图参数和自动计算规则。

【直锚】:示意图中的参数 l_1 为锚固长度(从支座边算起),支持输入以 mm 为单位的数值或 $n\times d$(d 为钢筋直径)。当选择【自动计算】时,程序将根据 16G101－1 图集第 84 页做法(如图 3.18 所示),计算所需的锚固长度并用于设计。

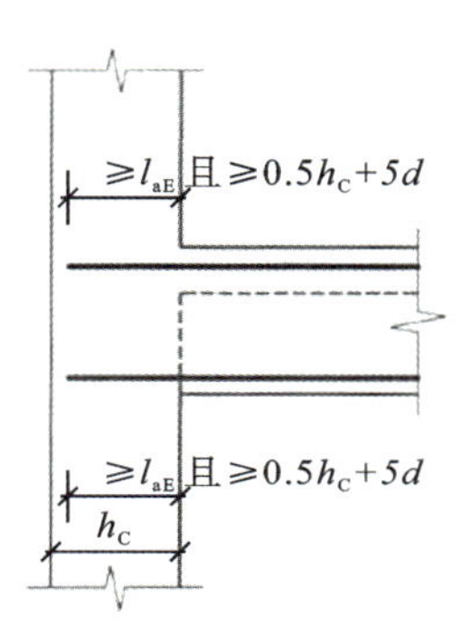

图 3.18　端支座直锚

【90°弯折】:l_1 含义同直锚,仅自动计算规则根据 16G101－1 第 84 页做法(见图 3.19)有所调整。(h_c－70)用于定位柱纵筋内侧位置,确保程序设计结果满足【伸至柱外侧纵筋内侧】要求。

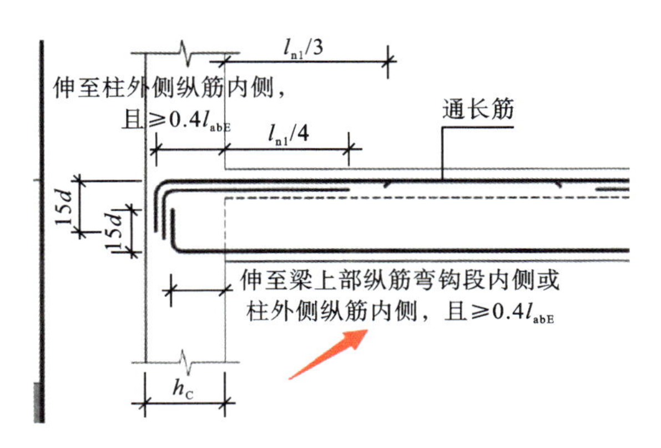

图 3.19　端支座 90°弯折

【锚固板】:l_1 含义同直锚,仅自动计算规则根据 16G101－1 第 84 页做法(如图 3.20 所示)有所调整。(h_c－70)用于定位柱纵筋内侧位置,确保程序设计结果满足【伸至柱外侧纵筋内侧】要求。

当任一端选为【锚固板】时,下方的【锚固板系列】将生效,可通过【附件库】按钮跳转至附件库内，增加、修改锚固板的具体参数。锚固板参数确认后，直接通过下拉框即可选择锚固板系列，程序将在本系列内根据钢筋直径自动匹配对应的锚固板规格用于设计。

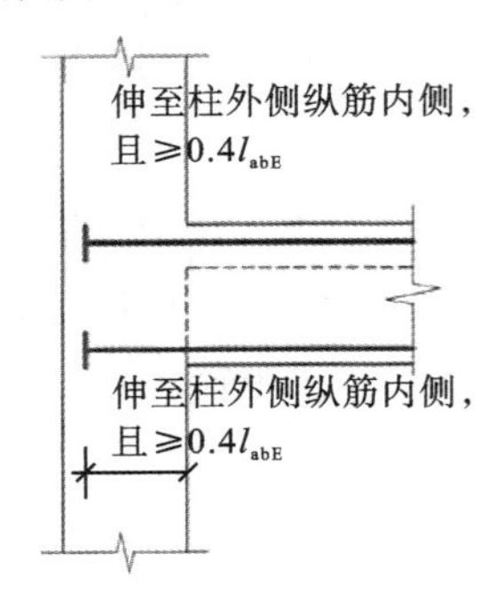

图 3.20　端支座加锚头(锚板)锚固

【机械连接】：当两根梁的钢筋对位，可用机械套筒连接时，可选此项。l_1 含义同直锚。

【135°弯折】：l_1 含义同直锚，仅自动计算规则根据 16G101－1 第 89 页做法(如图 3.21 所示，针对非框架梁)有所调整。

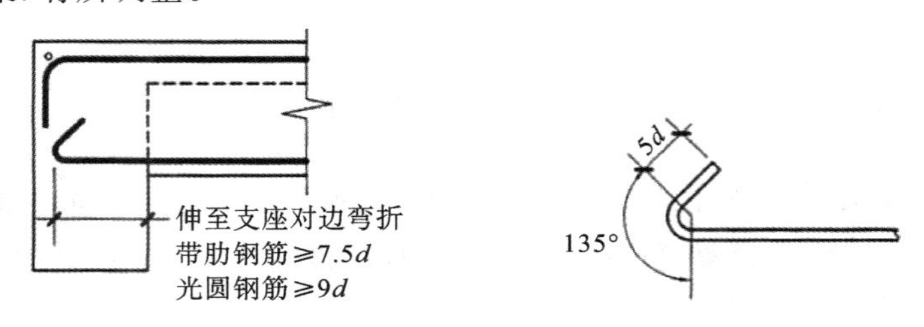

图 3.21　端支座非框架梁下部纵筋弯锚构造

【不伸出底筋缩进算法】：选为【自定义长度】时，可手动输入底筋缩进长度(以预制构件混凝土边缘为零点)。选为【0.1＊净跨】时，则根据 16G101－1 第 90 页做法(如图 3.22 所示)，自动计算所需的缩进长度。

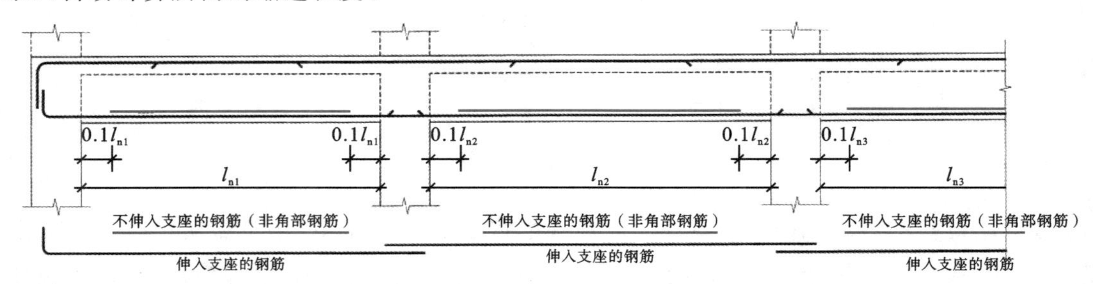

图 3.22　不伸入支座的梁下部纵向钢筋断点位置

根据梁配筋值，如配筋值为5C20(-2)，则将第2和4根底筋缩进，由程序自动判定哪根底筋伸出，哪根底筋需要缩进，基本原则为伸出钢筋的间距尽量均匀且角筋一定伸出。

2)腰筋参数

腰筋锚固形式参数与底筋基本一致，详情可参考前文。与底筋不同，腰筋是否伸出不再依赖于配筋值判定，而是用户手动选择。

【不伸出】：如梁腰筋不抗扭，则可直接选为【不伸出】，则整根梁的腰筋均不会伸出，并按照示意图参数中的 l_1 缩进，自动计算 l_1 时，则取 l_1 = 钢筋保护层厚度。

3)箍筋与拉筋参数

【箍筋形式】：箍筋形式可在下拉框中选择，选择不同选项时，下方示意图会相应切换，根据示意图选用所需形式即可。

【弯钩平直段长度】：当所选箍筋形式中存在弯钩时，可通过此处设置弯钩平直段的长度。根据16G101-1图集第62页做法(见图3.23)，常用做法总结为3类并在下拉框中开放。

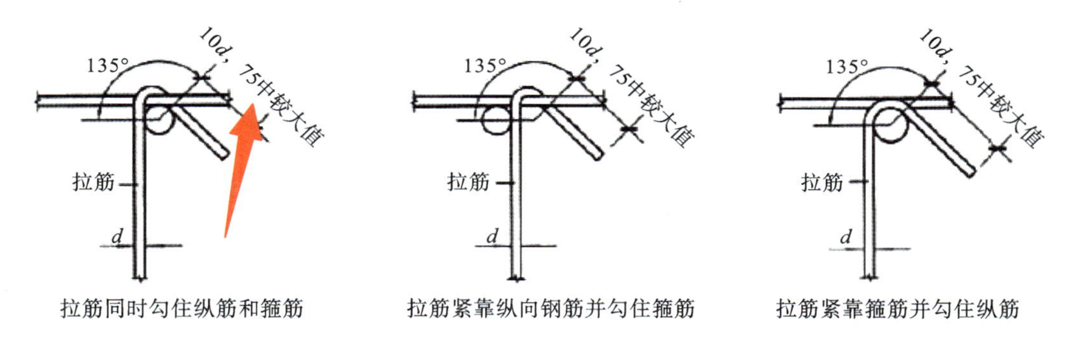

注：非框架梁以及不考虑地震作用的悬挑梁、箍筋及拉筋弯钩平直段长度可为5d；当其受扭时应为10d。

图3.23　弯钩构造

【梁端加密区长度】：不勾选【自动计算】时，可手动输入两端的加密区长度，某一端无需加密时可输入0。需注意，l_2 和 l_3 处输入的加密区长度从支座边界算起。勾选【自动计算】时，程序将根据《装配式混凝土结构技术规程》6.3.3条计算加密区长度用于配筋。

工作环节四：叠合梁埋件设计

引导问题9：完成工作任务中给定工程的叠合梁埋件设计。

小提示：叠合板吊装埋件设计的步骤：

(1)点击【深化设计】→【楼板附件设计】命令,弹出【板附件设计对话框】。

(2)调整参数。

相关知识点

知识点8:叠合梁埋件设计

【视频】3.2-梁配筋和埋件设计

点击【深化设计】→【梁附件设计】按钮,弹出【梁附件设计对话框】,如图3.24所示。

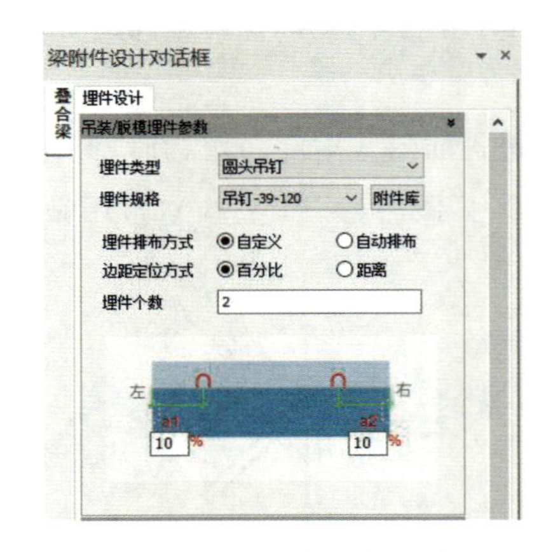

图3.24　梁附件设计对话框

根据需要选择吊件类型、是否设置拉模件等参数,并可选通过对话框内的【附件库】按钮跳转至【附件库】页面,调整附件的具体规格。

【埋件类型】:目前支持吊钉、预埋锚栓(吊母)和2类吊钩,可通过下拉列表直接选择。

【埋件规格】:选择某一埋件类型后,此处下拉框将显示其规格,直接选用即可。如需增、改规格,可直接点击右侧的【附件库】按钮,跳转至附件库页面操作。

【埋件排布方式】:当选为【自定义】时,可直接在下方参数框中输入埋件个数和对应的边距定位值,程序将在保证边距的前提下尽量均匀布置埋件。当选为【自动排布】时,程序将按常用的"边距=20%×梁长"规则确定边距,其后均匀排布埋件至满足短暂工况验算,最终的埋件排布将考虑边距、间距的取整。

【边距定位方式】:当【埋件排布方式】选为【自定义】时,此处可选【百分比】或【距离】。选择【百分比】时,输入的边距为梁长的百分比,最终边距和间距均会考虑取整。选择【距离】时,程序将完全按照用户输入的值(以mm为单位)设置边距,间距会考虑取整。

【埋件个数】:含义同参数名称。

工作环节五:叠合梁设计的调整

引导问题 10:完成工作任务中给定工程的主次梁节点和底筋避让调整。

小提示:

(1)点击【深化设计】→【主次梁连接】命令,弹出【主次梁搭接修改工具】。

(2)首先采用【梁底筋自动避让】功能,软件按照设置的避让逻辑进行避让,无法避让的采用【底筋避让功能】。

相关知识点

知识点 9:主次梁连接调整

【视频】3.3 -主次梁搭接修改工具

【梁拆分设计】中已可以设置主次梁搭接参数,但在实际项目中,可能存在需要后期修改的情况,此时可使用【主次梁连接】工具。首先在对话框内设置参数,之后选中需要调整的主次梁节点(同时选中主梁和次梁即为选中了主次梁节点),点击【应用】完成修改。通过该工具修改主次梁连接做法时,将最大限度保留主次梁上已完成的其他设计,仅对局部外形、钢筋进行调整。

【主梁预留凹槽】【主梁后浇带】【牛担板搭接】【不处理】4 种做法的参数与【梁拆分设计】中一致。

【机械连接】中参数释义如下:

【主梁侧面粗糙面】:勾选此项时,主梁侧面与次梁相接的区域会设置粗糙面,在构件详图中予以表达。

【主梁侧面键槽】:勾选此项时,主梁侧面与次梁相接的区域会设置键槽。需要注意,如果想让主梁侧面键槽与次梁端头键槽一致,勾选【同次梁】即可。

【主梁预埋接头】:与其他埋件类似,在下拉框内选择所需系列即可,后方【附件库】按钮可用于跳转至附件库补充规格。

【构造底筋形式】:根据主梁尺寸和次梁钢筋规格,需用户判断在主梁内埋入何种形式的构造筋用于次梁连接。如不确定,可优先尝试直锚,如直锚长度超出主梁宽度,则尝试 90°弯折。

【构造底筋锚固长度】:可根据 15G301—1 图集自动计算(≥l_a或 0.6l_{ab},根据锚固形式确定),或手动输入绝对值(以 mm 为单位)、$n\times d$(d 为钢筋直径)。

【主梁预埋构造腰筋】:当次梁腰筋需要连入主梁时,可勾选此项。后续的具体参数与底筋一致,不再赘述。

【次梁现浇段长度】:根据 15G301-1 第 32 页做法(见图 3.25),次梁端头需要预留现浇段用于施工连接。如事先没有在次梁端头预留或需要修改其长度,可在此处勾选此项并设置。

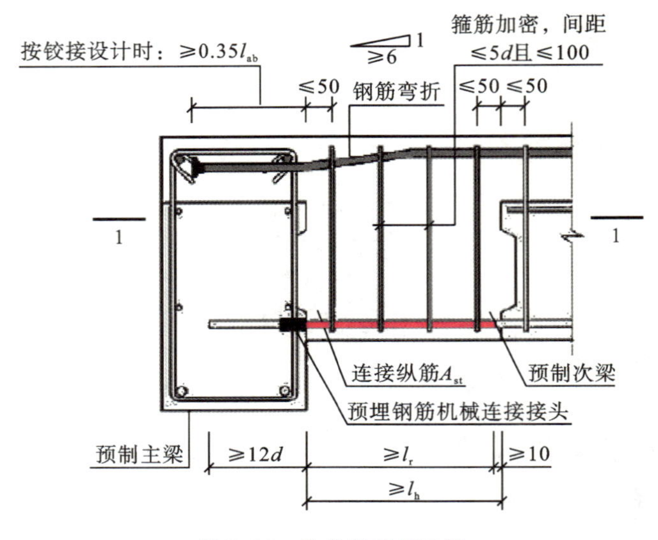

图 3.25 次梁端设后浇段

【次梁底筋/腰筋伸出长度】:为满足施工连接要求,次梁底筋/腰筋需要伸出一定长度,如事先没有调整好,也可在此处勾选此项并设置其长度。

知识点 10:梁底筋避让调整

【视频】3.4 -底筋避让

预制梁设计完三维钢筋后,梁与梁之间、梁与其他构件之间可能存在钢筋碰撞,用户此时可通过【底筋避让-梁】工具,规则化调整梁底筋,解决部分碰撞。规则化调整不能解决的问题,可以进一步通过【单参修改】解决。使用【底筋避让-梁】工具时,只需在对话框内设置好参数,选中单根/多根梁即可完成操作。

梁钢筋避让时,左右两端可设置不同参数,但参数含义相同。【左/右】的判定可基于构件局部坐标系原点和梁上文字，效果参考图 3.26。

图 3.26　梁左右的判定效果

1. 竖向避让参数

【左/右侧竖向避让方式】包含以下三类：

【不避让】：不对钢筋进行特殊处理，此方向端头的钢筋为直线形式。

【纵筋弯折】：出混凝土端竖向平移抬高（平移值根据【左/右侧竖向避让距离】确定），中间形成倾斜段，如图 3.27 所示。

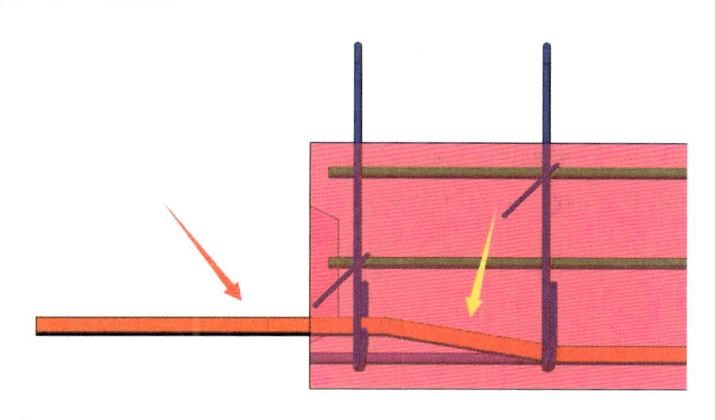

图 3.27　纵筋弯折

【钢筋网片】：底筋整体向上平移（平移值根据【左/右侧竖向避让距离】确定），不形成弯折，原底筋位置设置一组钢筋网片予以替代，如图 3.28 所示。

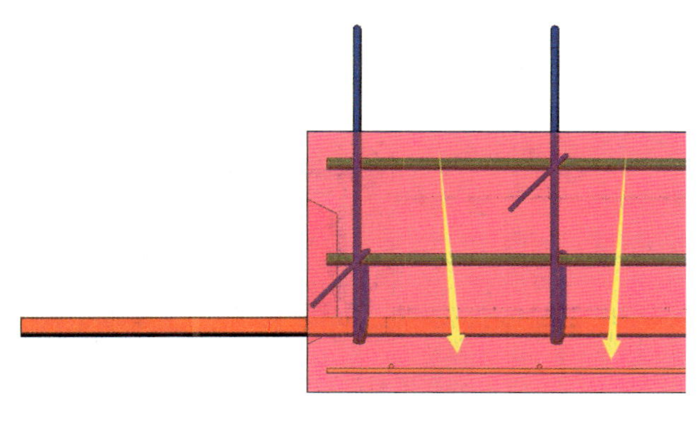

图 3.28　钢筋网片

【左/右侧竖向避让距离】:钢筋竖向弯折/平移的距离(钢筋中心到钢筋中心)。

【竖向避让生效范围】共包括3个选项,程序将根据用户所选的选项过滤被选中的梁,仅满足该生效范围的梁会进行竖向避让操作。

【Y向预制梁】:模型中沿Y轴方向的梁。

【X向预制梁】:模型中沿X轴方向的梁。

【用户选定梁】:推荐选项,用户自行判定希望哪些梁竖向避让。

2.水平避让参数

【左/右侧竖向避让方式】包含以下3类:

【不避让】:不对钢筋进行特殊处理,此方向端头的钢筋为直线形式。

【预制截面外平行弯折】:出混凝土的钢筋平行向某一侧弯折,效果如图3.29所示,弯折量根据【左/右侧水平避让距离】确定,弯折方向根据【左/右侧水平避让距离】的正负确定。

【预制截面内平行弯折】:预制混凝土内的部分平行向某一侧弯折,使钢筋端头水平伸出混凝土,效果如图3.30所示,弯折量根据【左/右侧水平避让距离】确定,弯折方向根据【左/右侧水平避让距离】的正负确定。

【预制截面内收拢弯折】:角筋均向梁中线位置对称弯折,弯折段位于预制混凝土内,效果如图3.31所示,弯折量根据【左/右侧水平避让距离】确定。

【腰筋水平避让方式与底筋保持一致】:勾选此项时,底筋的避让效果会同时应用到腰筋上。常用于抗扭腰筋要伸出预制混凝土参与连接的情况。不勾选此项时,腰筋将维持直线形状。

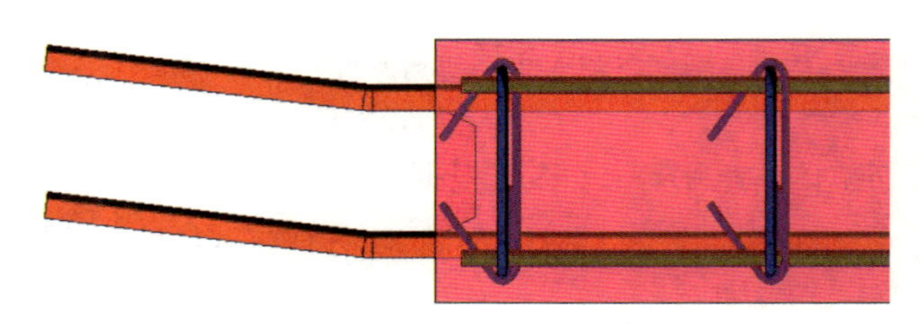

图3.29 预制截面外平行弯折

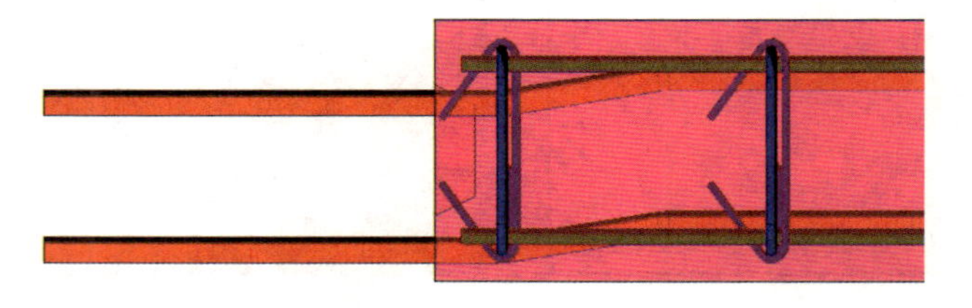

图3.30 预制截面内平行弯折

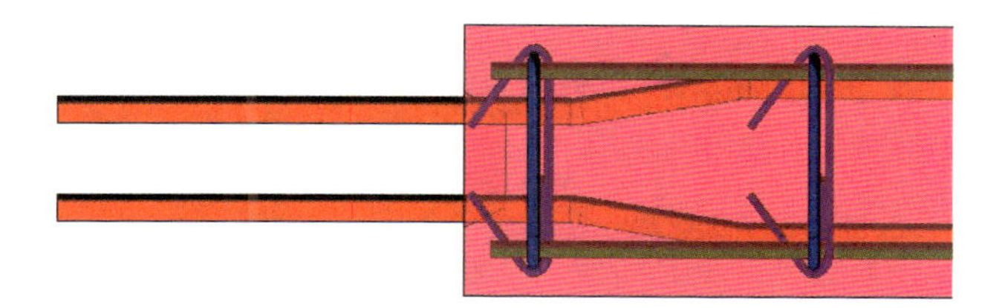

图 3.31　预制截面内收拢弯折

工作环节六：叠合梁加工图绘制

引导问题 11：完成工作任务中给定工程的叠合梁构件编号。

引导问题 12：生成叠合梁构件详图。

小提示：叠合梁构件编号和加工图绘制方法参考叠合板。

拓展思考

利用 PKPM－PC 完成附录中剪力墙结构施工图中梁的深化设计。

情境四

预制柱的深化设计

预制柱的深化设计流程一般包括预制柱设计、配筋设计、埋件设计、属性修改等几个环节，然后进行构件编号、详图和清单等资料的快速生成，如图 4.1 所示。

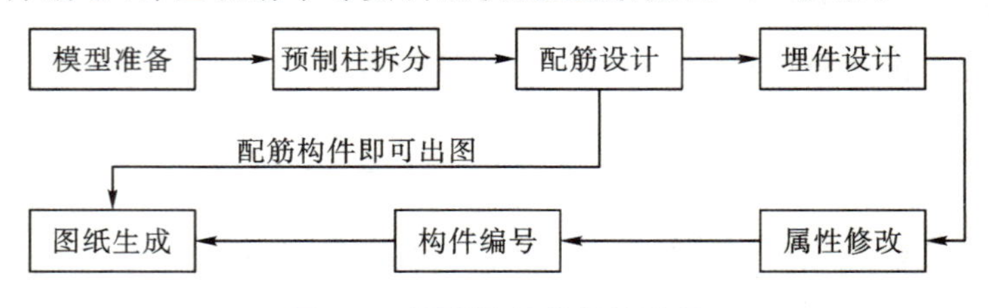

图 4.1　预制柱深化设计流程

知识目标

(1)掌握预制柱深化设计的基本知识；

(2)掌握预制柱深化设计施工图识读的相关知识。

能力目标

(1)能够准确识读与正确理解预制柱深化设计加工图；

(2)能够对预制柱进行拆分，并能绘制深化设计加工图。

素质目标

(1)掌握预制柱深化设计，提升自信心和意志力；

(2)“学无止境”，培养终身学习的能力。

利用 PKPM－PC 软件对某框架项目柱构件进行拆分。可扫描右侧二维码获取柱平面布置施工图。

(1)阅读工作任务，熟悉预制柱相关基础知识；

(2)学习《装配式混凝土结构连接节点构造(框架)》(20G310－3)有关预制柱连接节点构造设计；

(3)熟悉《装配式混凝土建筑技术标准》(GB/T 51231—2016)中装配整体式框架设计规范；

(4)熟悉《装配式混凝土结构技术规程》(JGJ 1—2014)中框架结构设计规范。

获取信息

引导问题 1:预制柱箍筋加密要求是什么？

引导问题 2:预制柱底接缝设置需要注意哪些要点？

引导问题 3:预制柱和叠合梁连接节点处如何锚固钢筋？

相关知识点

知识点 1:预制柱的设计要求

预制柱的设计应符合《混凝土结构设计规范》(GB 50010—2010)的要求，并应符合下列规定：

(1)柱纵向受力钢筋直径不宜小于 20 mm。

(2)矩形柱截面宽度或圆柱直径不宜小于 400 mm，且不宜小于同方向梁宽的 1.5 倍。

(3)柱纵向受力钢筋在柱底采用套筒灌浆连接时，柱箍筋加密区长度不应小于纵向受力钢筋连接区域长度与 500 mm 之和；套筒上端第一道箍筋距离套筒顶部不应大于 50 mm(见图 4.2)。

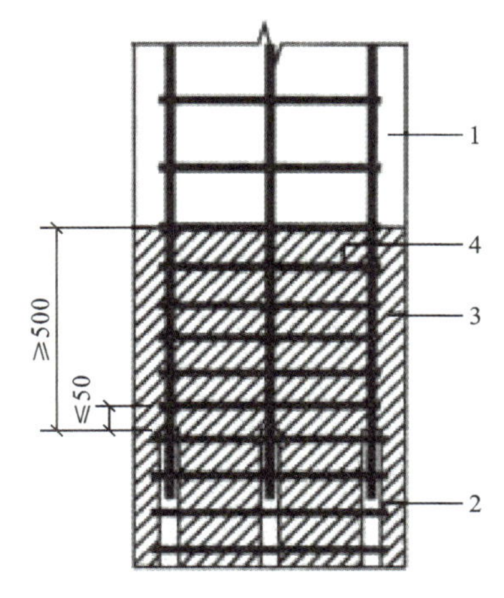

1—预制柱；2—套筒灌浆连接接头；3—箍筋加密区(阴影区域)；4—加密区箍筋。

图 4.2　钢筋采用套筒灌浆连接时柱底箍筋加密区域构造示意

知识点 2:预制柱底部构造要求

采用较大直径钢筋及较大的柱截面,可减少钢筋根数,增大间距,便于柱钢筋连接及节点区钢筋布置。套筒连接区域柱截面刚度及承载力较大,柱的塑性铰区可能会上移到套筒连接区域以上,因此至少应将套筒连接区域以上 500 mm 高度区域内的柱箍筋加密。

采用预制柱及叠合梁的装配整体式框架中,柱底接缝宜设置在楼面标高处(见图 4.3),并应符合下列规定:

(1)后浇节点区混凝土上表面应设置粗糙面;

(2)柱纵向受力钢筋应贯穿后浇节点区;

(3)柱底接缝厚度宜为 20 mm,并应采用灌浆料填实。

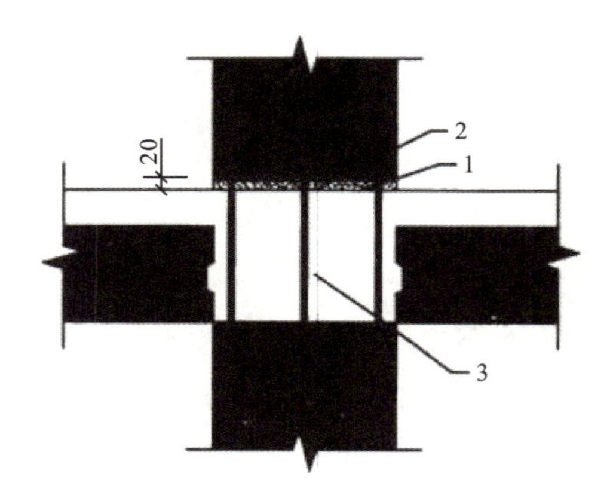

1—后浇节点区混凝土上表面粗糙面;2—接缝灌浆层;3—后浇区。

图 4.3　预制柱底接缝构造示意

知识点 3:预制柱和叠合梁节点处钢筋锚固要求

采用预制柱及叠合梁的装配整体式框架节点,梁纵向受力钢筋应伸入后浇节点区内锚固或连接,并应符合下列规定:

(1)对框架中间层中节点,节点两侧的梁下部纵向受力钢筋宜锚固在后浇节点区内[见图 4.4(a)],也可采用机械连接或焊接的方式直接连接[见图 4.4(b)];梁的上部纵向受力钢筋应贯穿后浇节点区。

(2)对框架中间层端节点,当柱截面尺寸不满足梁纵向受力钢筋的直线锚固要求时,宜采用锚固板锚固(见图 4.5),也可采用 90°弯折锚固。

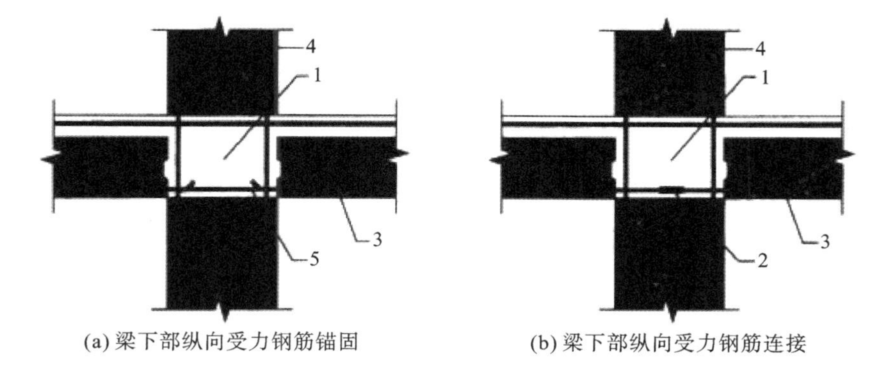

(a) 梁下部纵向受力钢筋锚固　　(b) 梁下部纵向受力钢筋连接

1—后浇区；2—梁下部纵向受力钢筋连接；3—预制梁；4—预制柱；5—梁下部纵向受力钢筋锚固。

图 4.4　预制柱及叠合梁框架中间层中节点构造示意

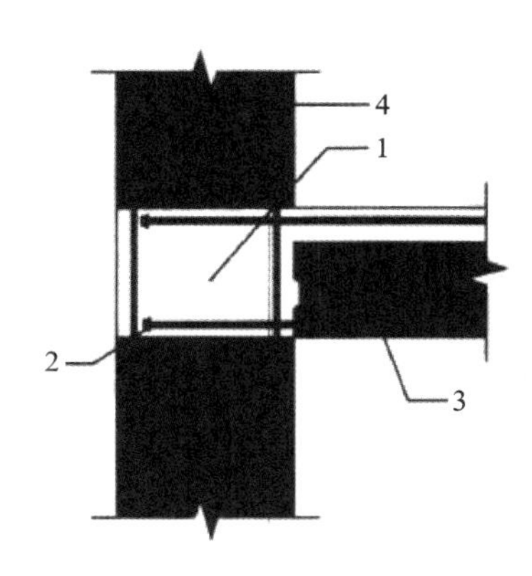

1—后浇区；2—梁纵向受力钢筋锚固；3—预制梁；4—预制柱。

图 4.5　预制柱及叠合梁框架中间层端节点构造示意

(3)对框架顶层中节点，梁纵向受力钢筋的构造应符合本条第 1 款的规定。柱纵向受力钢筋宜采用直线锚固；当梁截面尺寸不满足直线锚固要求时，宜采用锚固板锚固(见图 4.6)。

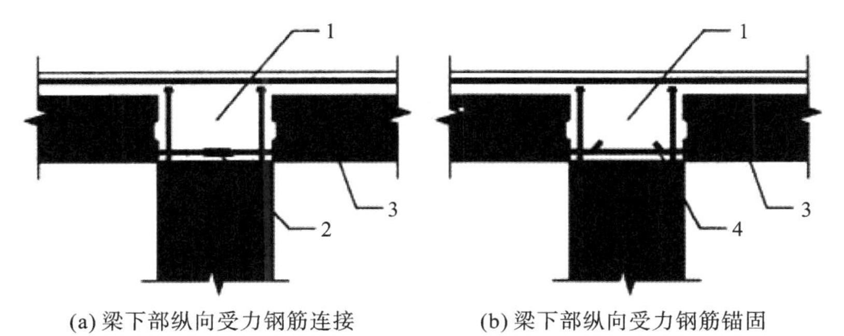

(a) 梁下部纵向受力钢筋连接　　(b) 梁下部纵向受力钢筋锚固

1—后浇区；2—梁下部纵向受力钢筋连接；3—预制梁；4—梁下部纵向受力钢筋锚固。

图 4.6　预制柱及叠合梁框架顶层中节点构造示意

(4)对框架顶层端节点,梁下部纵向受力钢筋应锚固在后浇节点区内,且宜采用锚固板的锚固方式。梁、柱其他纵向受力钢筋的锚固应符合下列规定:

①柱宜伸出屋面并将柱纵向受力钢筋锚固在伸出段内[见图 4.7(a)],伸出段长度不宜小于 500 mm,伸出段内箍筋间距不应大于 $5d$(d 为柱纵向受力钢筋直径),且不应大于 100 mm;柱纵向钢筋宜采用锚固板锚固,锚固长度不应小于 $40d$;梁上部纵向受力钢筋宜采用锚固板锚固。

②柱外侧纵向受力钢筋也可与梁上部纵向受力钢筋在后浇节点区搭接[见图 4.7(b)],其构造要求应符合《混凝土结构设计规范》(GB 50010—2010)中的规定;柱内侧纵向受力钢筋宜采用锚固板锚固。

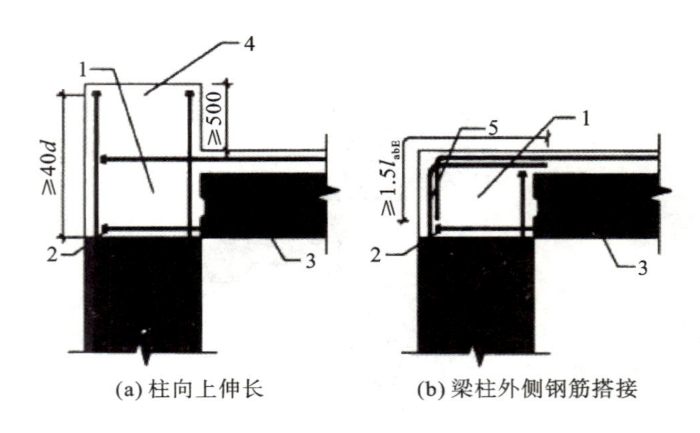

1—后浇区;2—梁下部纵向受力钢筋锚固;3—预制梁;4—柱延伸段;5—梁柱外侧钢筋搭接。

图 4.7 预制柱及叠合梁框架顶层端节点构造示意

在预制柱叠合梁框架节点中,梁钢筋在节点中的锚固及连接方式是决定施工可行性以及节点受力性能的关键。梁、柱构件应尽量采用较粗直径、较大间距的钢筋布置方式,节点区的主梁钢筋较少,有利于节点的装配施工,保证施工质量。设计过程中,应充分考虑到施工装配的可行性,合理确定梁、柱截面尺寸及钢筋的数量、间距及位置等。在中间节点中,两侧梁的钢筋在节点区内锚固时,位置可能冲突,可采用弯折避让的方式,弯折角度不宜大于 1∶6。节点区施工时,应注意合理安排节点区箍筋、预制梁、梁上部钢筋的安装顺序,控制节点区箍筋的间距满足要求。

中国建筑科学研究院及万科企业股份有限公司的低周反复荷载试验研究表明,在保证构造措施与施工质量时,该形式节点均具有良好的抗震性能,与现浇节点基本等同。

采用预制柱及叠合梁的装配整体式框架节点,梁下部纵向受力钢筋也可伸至节点区外的后浇段内连接(见图 4.8),连接接头与节点区的距离不应小于 $1.5h_0$(h_0 为梁截面有效高度)。

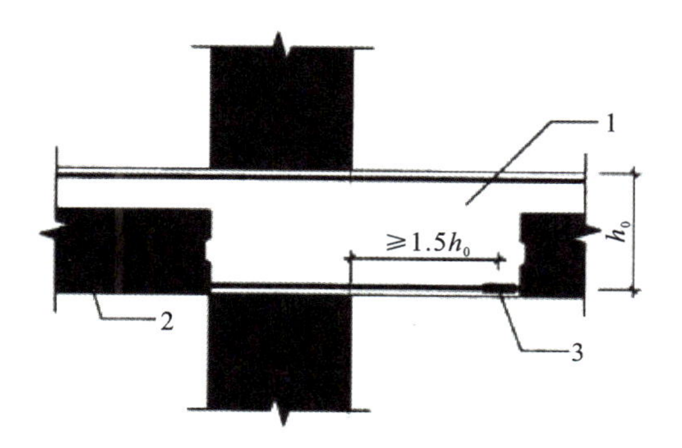

1—后浇段；2—预制梁；3—纵向受力钢筋连接。

图 4.8　梁纵向钢筋在节点区外的后浇段内连接示意

小贴士

"纸上得来终觉浅，绝知此事要躬行。"光有书本知识是不够的，还要在实践中学习感悟才行。要到施工现场参观，学习钢筋的下料、绑扎，混凝土的浇筑等内容，这样才能加深对知识的理解，不断提高自己的专业能力，为毕业后的职业岗位工作和个人成长奠定基础。

工作环节一：模型准备

引导问题 4：下载工作任务中的文件，利用 PKPM－PC 软件创建"预制柱"模型。

小提示：预制柱模型的创建参考情境一。

工作环节二：预制柱的拆分设计

引导问题 5：完成工作任务中给定工程的预制柱拆分。

小提示：预制柱拆分设计的步骤：预制属性的制定→预制柱拆分设计→调整拆分参数。

相关知识点

知识点4:PKPM-PC软件中预制柱的拆分

执行【方案设计】→【柱拆分设计】命令,左侧弹出【柱拆分对话框】。根据需要设置【柱底键槽】和【柱顶键槽】,调整拆分参数,拆分参数示例如图4.9所示。

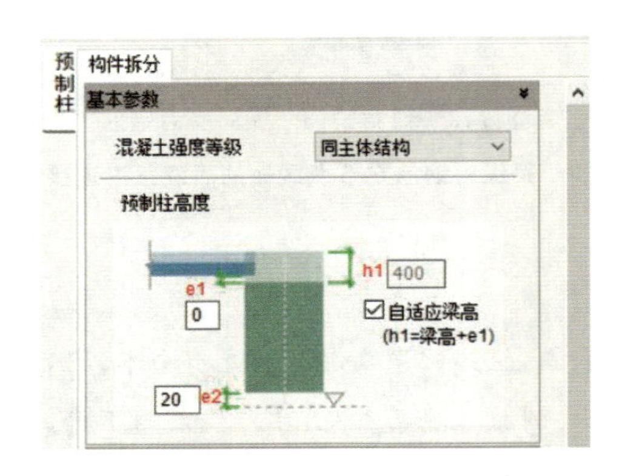

图4.9 柱拆分基本参数

1.混凝土强度等级

混凝土强度等级一般按结构施工图要求设置即可,默认选择【同主体结构】,即与结构建模时设置的结构构件混凝土强度相同。若初期建模时设置有误,可直接在此处调整预制构件的混凝土强度。

2.预制柱高度

如图4.9所示,h1为现浇高度,e1为梁底到预制柱顶的接缝高度,e2为柱底到下层楼面的接缝高度。勾选【自适应梁高】时,程序将根据柱上最高的梁自动计算h1。

3.柱底键槽

需要设置柱底键槽时,勾选【设置柱底键槽】,则下方的键槽具体尺寸和排布参数生效。无须设置柱底键槽时,取消勾选【设置柱底键槽】即可。

【键槽形状】:矩形——键槽为矩形,效果如图4.10(a)所示;

井字形——键槽为井字形,效果如图4.10(b)所示。

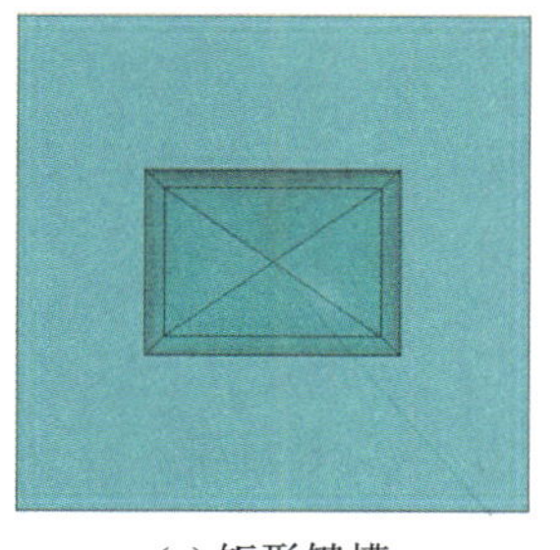

(a) 矩形键槽

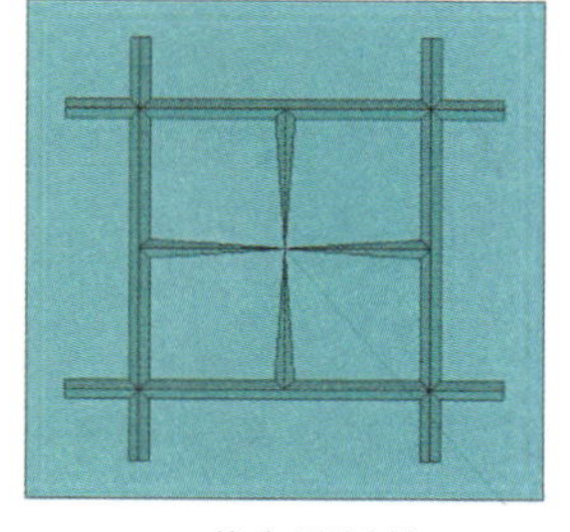

(b) 井字形键槽

图 4.10　梁键槽形状

【键槽个数】:含义同参数名称。当键槽个数≥2 时,可以在示意图参数中设置矩形键槽间距;井字形键槽仅支持个数为 1。

【键槽排布方向】:含义同参数名称。当键槽形状为矩形,且键槽个数≥2 时,本参数生效;沿长边排布的含义为将键槽沿柱长边方向竖向排列,沿短边方向含义类似。

【居中布置】:勾选该参数,则程序默认居中布置键槽;若取消勾选,则所有键槽边至柱混凝土边距离参数开放,可自由调整。

【具体参数】:参数含义见图 4.11 标识,图(a)为矩形键槽参数,图(b)为井字形键槽参数。

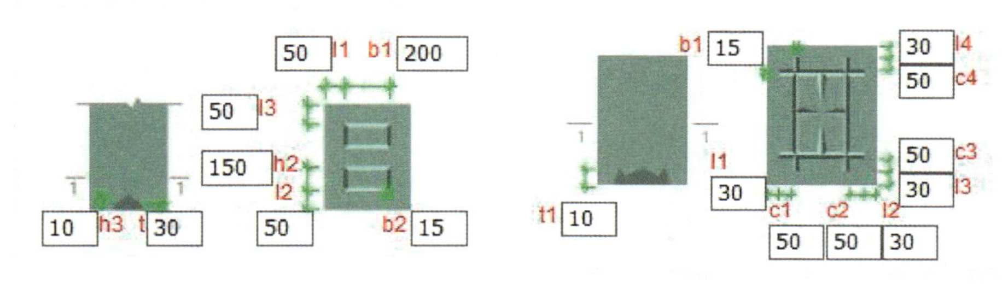

(a) 矩形键槽参数　　　　(b) 井字形键槽参数

图 4.11　梁的凹口截面

【键槽排气孔高度】:柱底键槽的排气孔高度参数,出图时显示排气孔定位,如图 4.12 所示。

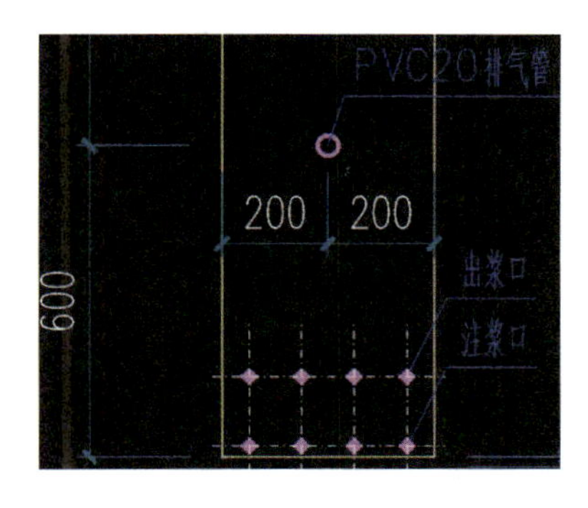

图 4.12　键槽排气孔

4. 柱顶键槽

需要设置柱顶键槽时，勾选【设置柱顶键槽】，则下方的键槽具体尺寸和排布参数生效。无须设置柱顶键槽时，取消勾选【设置柱底键槽】即可。

【键槽形状】：矩形键槽。

【键槽个数】：含义同参数名称。键槽个数默认为 1，无法修改。

【键槽排布方向】：含义同参数名称。当键槽形状为矩形时，仅支持键槽个数为 1。

【居中布置】：勾选该参数，则程序默认居中布置键槽；若取消勾选，则所有键槽边至柱混凝土边距离参数开放，可自由调整。

【具体参数】：参数含义见图 4.13 标识。

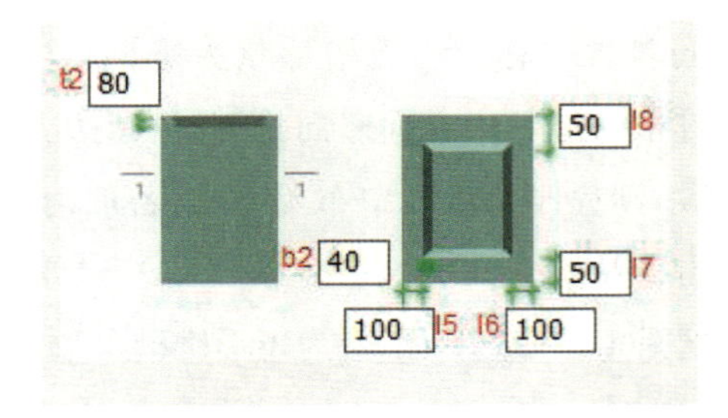

图 4.13 柱顶键槽参数

工作环节三：预制柱的配筋设计

引导问题 6：完成工作任务中给定工程的预制柱的配筋设计。

小提示：预制柱配筋设计的步骤：调整柱配筋值→设置配筋参数→配筋设计。

相关知识点

知识点 5：预制柱的配筋设计

【视频】4.1 -柱的配筋和埋件设计

1. 柱配筋值的调整

1)原位修改

执行【深化设计】→【柱配筋设计】命令，左侧弹出【柱配筋设计对话框】。点击【柱配筋值】按钮，进入配筋值设置环境，如图 4.14 所示。点击【PKPM 柱施工图】进入 PKPM 施工图模块设计实配钢筋，如图 4.15 所示。在 PKPM 施工图模块操作后，点击右上角的【写施工图】按钮并关闭施工图模块，回到 PC(接力 PKPM 施工图模块为可选步骤)。弹出计算结果读取对话框，点击【确定】(接力 PKPM 施工图模块为可选步骤)。无论是否接力 PKPM 施工图模块，均可双击原位标注，修改配筋值。

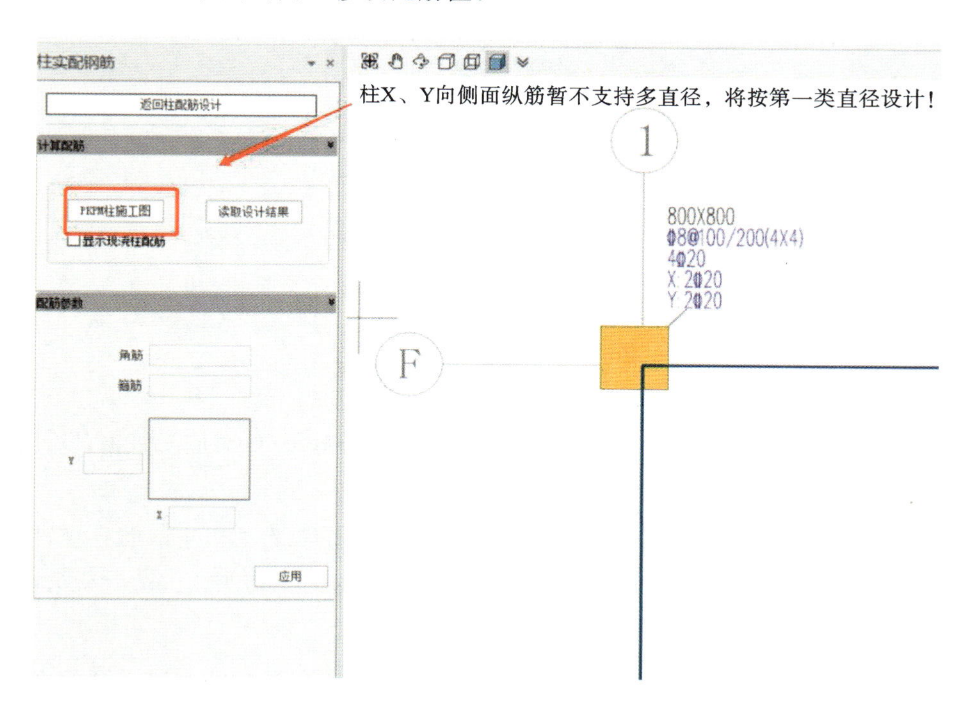

图 4.14 接力 PKPM 施工图按钮

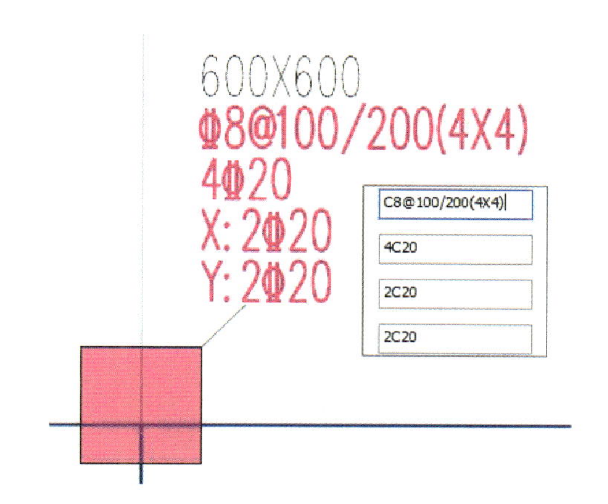

图 4.15 原位修改柱配筋值

2)左侧对话框修改

除双击原位标注外,直接选中一根或多根柱,可统一在左侧的属性栏内修改配筋值,如图 4.16 所示。

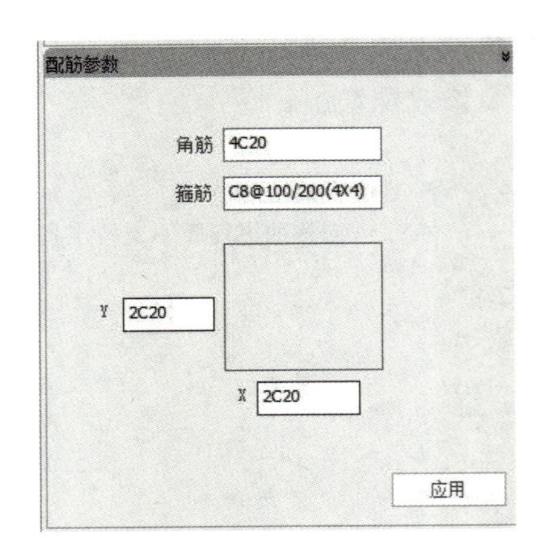

图 4.16 在属性栏内修改柱配筋值

【角筋】:参考格式为 4C20,“4”是钢筋根数,“C”是钢筋等级(C 对应三级钢,以此类推),“20”是钢筋直径。

【箍筋】:参考格式为 C8@100/200(4×4),“C”是钢筋等级,“8”是钢筋直径,“@100/200”指加密区和非加密区间距分别为 100 和 200(无加密区时可写为@200),“(4×4)”指箍筋肢数在 X 向、Y 向分别为 4。

【边筋】:参考格式为 2C20,“C”是钢筋等级,“2”为 X 向或 Y 向边上减去角筋个数的中部钢筋根数,“20”是钢筋直径。

2. 配筋参数的设置

设置完配筋值后,需要设置【基本参数】【纵筋参数】【箍筋参数】。

1)纵筋定位方式

可选择 2 种方式定位纵筋,分别为【按保护层定位】和【按角筋中心定位】。

【按保护层定位】:此处数值为箍筋外皮到混凝土表面的距离(图 4.17 中 a)。

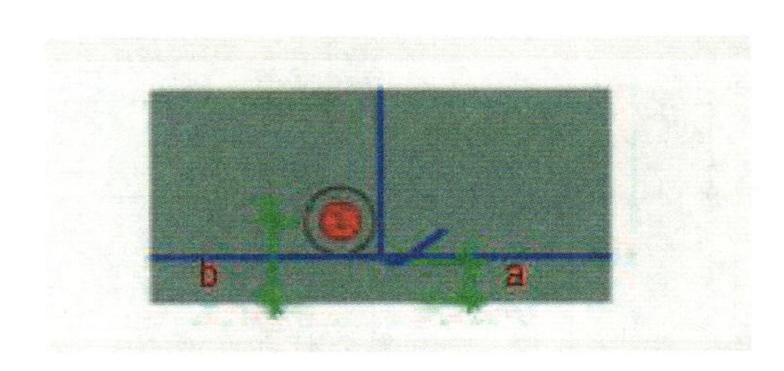

图 4.17 纵筋定位方式

【按角筋中心定位】:此处数值为柱角筋到混凝土表面的距离(图 4.17 中 b)。

当上下层柱出现变直径时,需使不同直径钢筋的中心对齐方可安装,此时可按角筋中心定位柱内钢筋排布,按示意图输入定位值即可。

2)纵筋参数

【纵筋上部做法】:从下拉列表中选择即可,不同选项对应不同的示意图参数和自动计算规则。

【承插套筒】:如图 4.18 所示,其中 l1 为柱纵筋上部作为直锚从混凝土现浇层顶部伸出的长度,输入伸出值即可;当勾选【自动匹配套筒规格】时,程序将根据匹配的套筒规格,取值附件库中相应的套筒插入深度并用于设计。

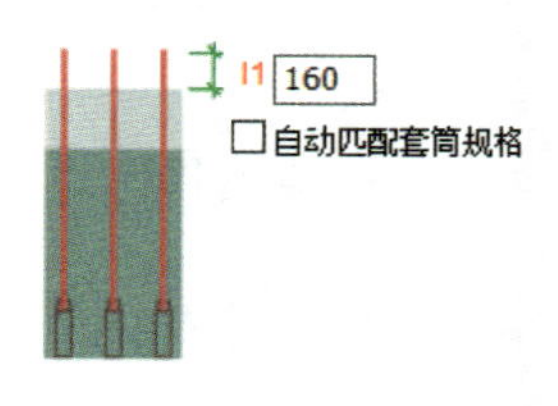

图 4.18　承插套筒

【直锚】:如图 4.19(a)所示,其中的参数 l1 为锚固长度,表示柱纵筋从预制柱混凝土顶部伸出的长度,支持输入 mm 为单位的数值或 $n \times d$(d 为钢筋直径);当勾选【自动计算】时,程序将根据 22G101－1 图集第 68 页做法[见图 4.19(b)],计算所需的锚固长度并用于设计。

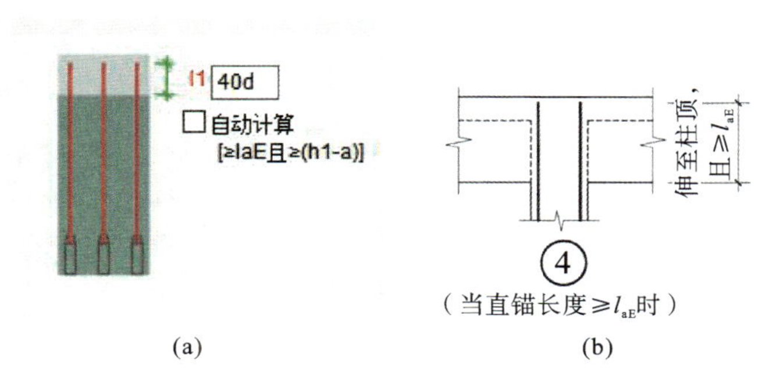

图 4.19　直锚

【锚固板】:如图 4.20(a)所示,其中的参数 l1 为锚固长度,表示柱纵筋从预制柱混凝土顶部到锚固板上表皮的长度,支持输入 mm 为单位的数值或 n 倍 d(d 为钢筋直径);当勾选【自动计算】时,程序将根据 22G101－1 图集第 68 页做法[见图 4.20(b)],计算所需的锚固长度并用于设计。

当选为【锚固板】时，下方的【锚固板系列】将生效，可通过【附件库】按钮跳转至附件库内，增加、修改锚固板的具体参数。锚固板参数确认后，直接通过下拉框即可选择锚固板系列，程序将在本系列内根据钢筋直径自动匹配对应的锚固板规格用于设计。

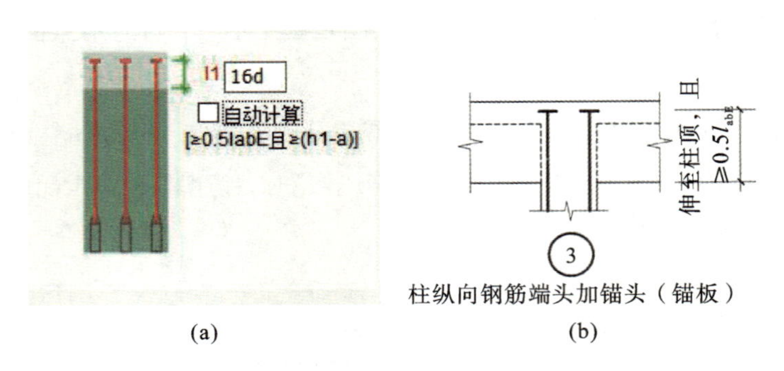

(a)　　　　(b)

图 4.20　锚固板

【灌浆操作面设置】：在设置配筋参数时，需要设置灌浆面，点击【灌浆操作面设置】，勾选如图 4.21 所示方位，然后在模型中点击左上角柱的顶部现浇层，相应方位出现“浆”，点击【确定】完成设置。

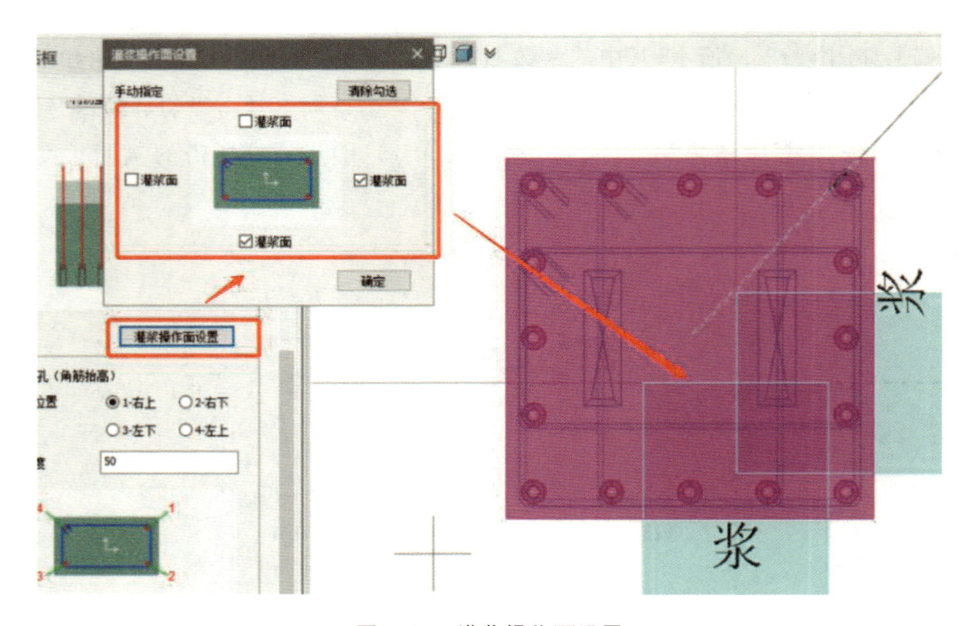

图 4.21　灌浆操作面设置

【设计导向孔】：可通过勾选/取消勾选确定是否设置导向孔。在实际生产中，设计师常将某根角筋抬高，以作为导向孔指导预制柱安装，避免安装方向错误。

【所抬高角筋位置】:可参考图 4.22(方向以模型俯视图为准),选择 4 个方向上的角筋,确定抬高的角筋位置。

【角筋抬高高度】:在柱纵筋的方向上,向上抬高角筋的距离值。

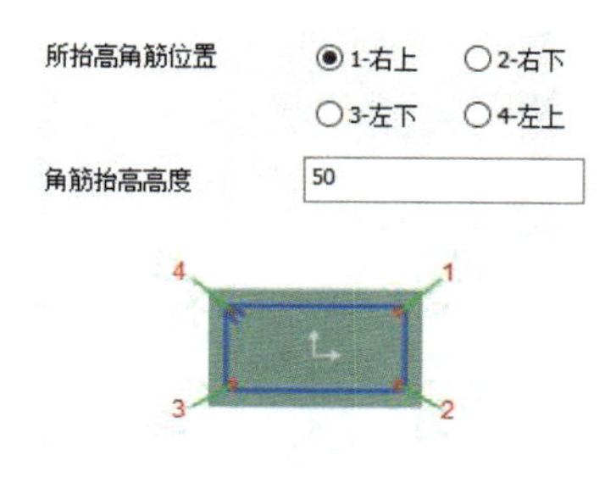

图 4.22　所抬高角筋位置设置

3)箍筋参数

【箍筋形式】:在下拉框中选择,选择不同选项时,下方示意图会相应切换,根据示意图,用户可选【传统箍】或【焊接封闭箍】。

【柱加密区高度】:不勾选【自动计算】时,可手动输入两端的加密区长度,某一端无需加密时可输入 0。需注意,l3 处输入的加密区长度包含柱底部接缝;勾选【自动计算】时,程序将参考《建筑抗震设计规范》中 6.4.9 与《装配式混凝土结构技术规程》中 7.4.5 之相关规定,计算柱端箍筋加密区高度。

工作环节四:预制柱埋件设计

引导问题 7:完成工作任务中给定工程的预制柱埋件设计。

相关知识点

知识点 6:预制柱埋件设计

1. 设置埋件参数

【视频】4.1 -柱的配筋和埋件设计

点击【深化设计】→【柱附件设计】按钮,弹出【柱附件设计】对话框,如图 4.23 所示。根据需要选择吊件类型、是否设置拉模件等参数,并可选通过对话框内的【附件库】按钮跳转至【附件库】页面，调整附件的具体规格，如图 4.24 所示。

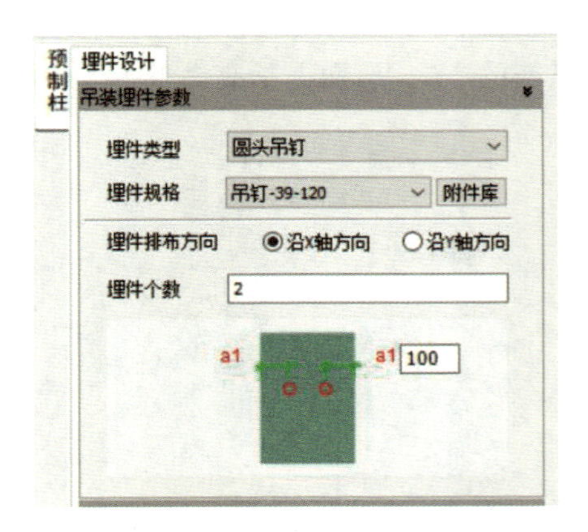

图 4.23　柱附件设计对话框

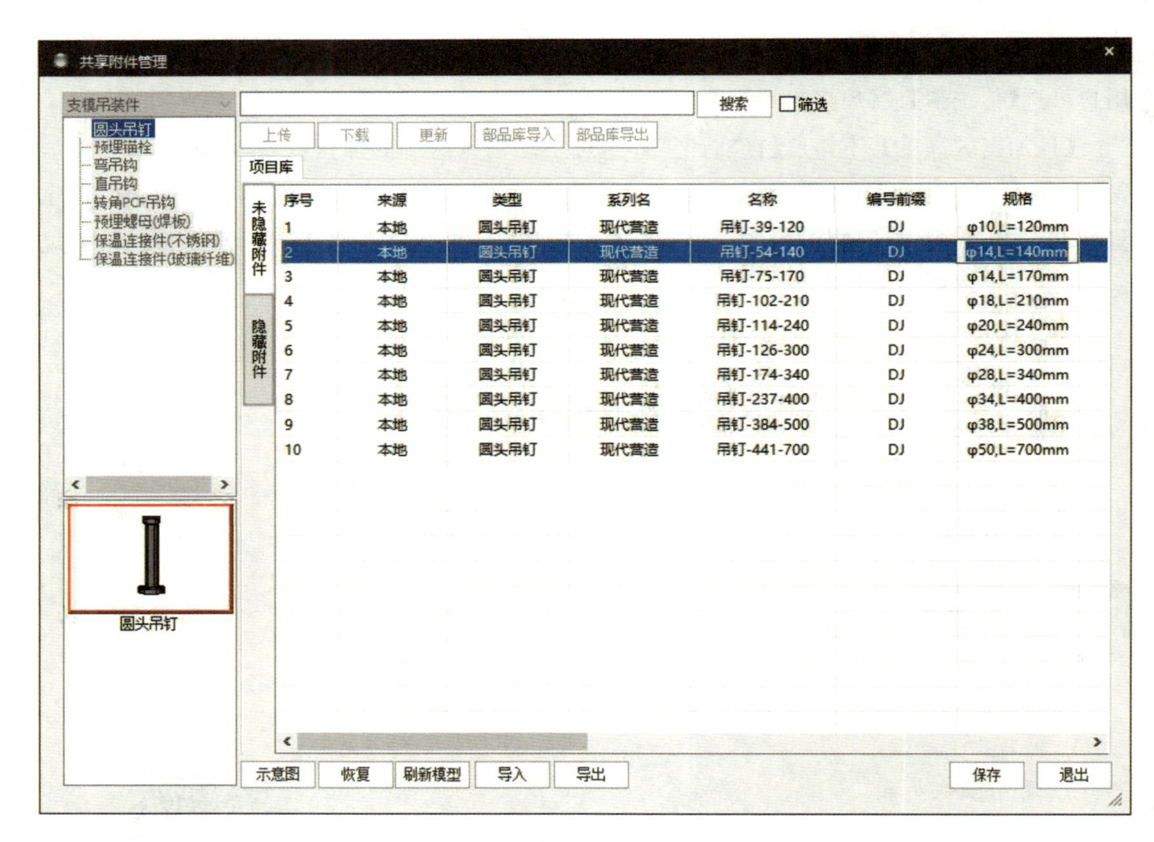

图 4.24　附件库对话框

2. 埋件设计

参数设定后，直接点选或框选已拆分、配筋的预制柱，完成埋件设计，效果如图4.25所示。

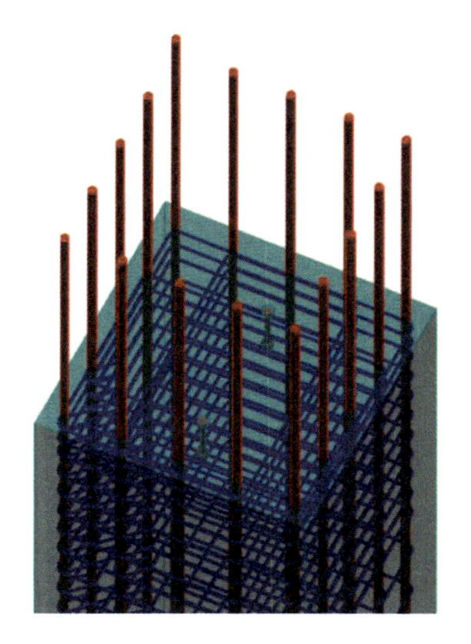

图4.25　采用圆头吊钉的预制柱(局部)

工作环节五：预制柱属性调整

引导问题8：根据任务要求完成预制柱属性调整。

相关知识点

知识点7：预制柱配筋修改

前几个工作环节完成后，可能存在参数设置不到位或设计发生变更的情况，此时，可通过点击一根或多根(框选或按住Ctrl加选)预制柱，呼出其【属性】栏，如图4.26所示。

在【属性】栏中，可对键槽尺寸、底筋锚固长度、纵筋排列参数、箍筋排布等参数进行批量修改，提升编辑效率。例如可通过【属性】栏将选中的柱纵筋伸出长度均改为175 mm，如图4.27所示。

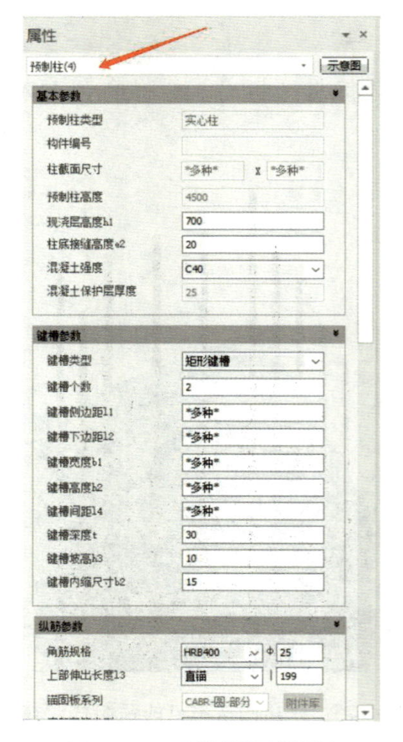

图 4.26　预制柱【属性】栏

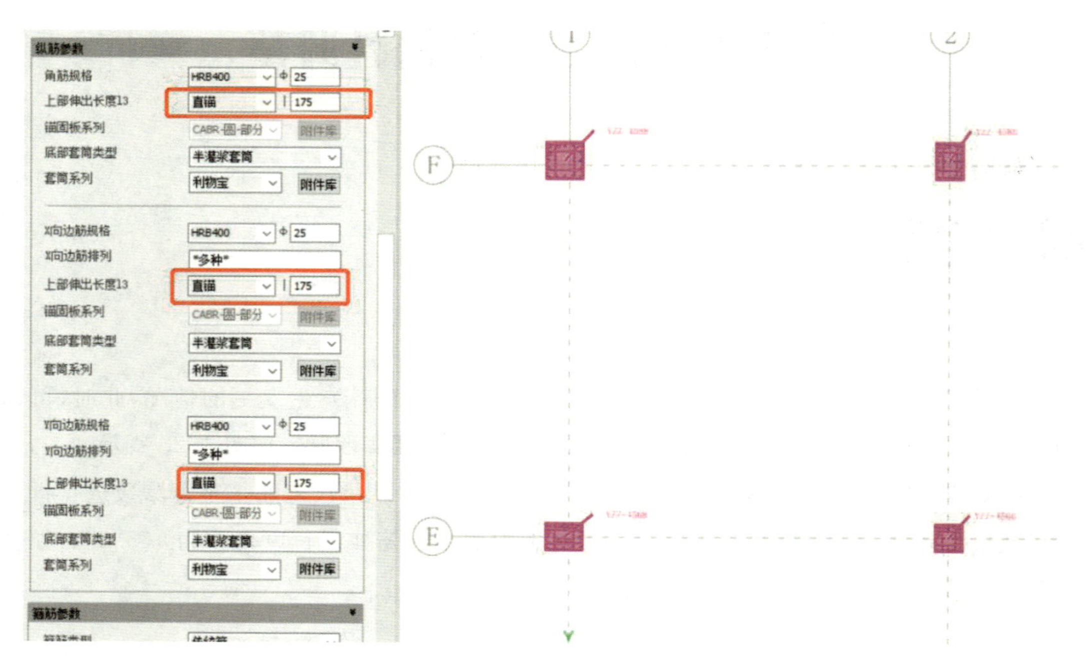

图 4.27　利用【属性】栏批量修改柱配筋参数

工作环节六：预制柱加工图绘制

引导问题 9：完成工作任务中给定工程的预制柱构件编号。

引导问题 10：生成预制柱构件详图。

小提示：预制柱构件编号和加工图绘制方法参考叠合板，完成示例见图 4.28 和图 4.29。

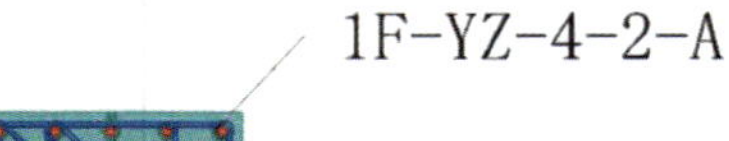

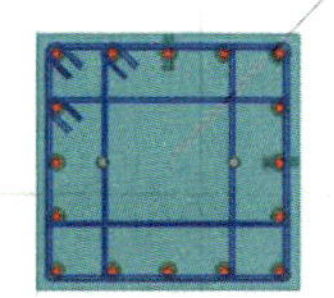

图 4.28　预制柱编号示例

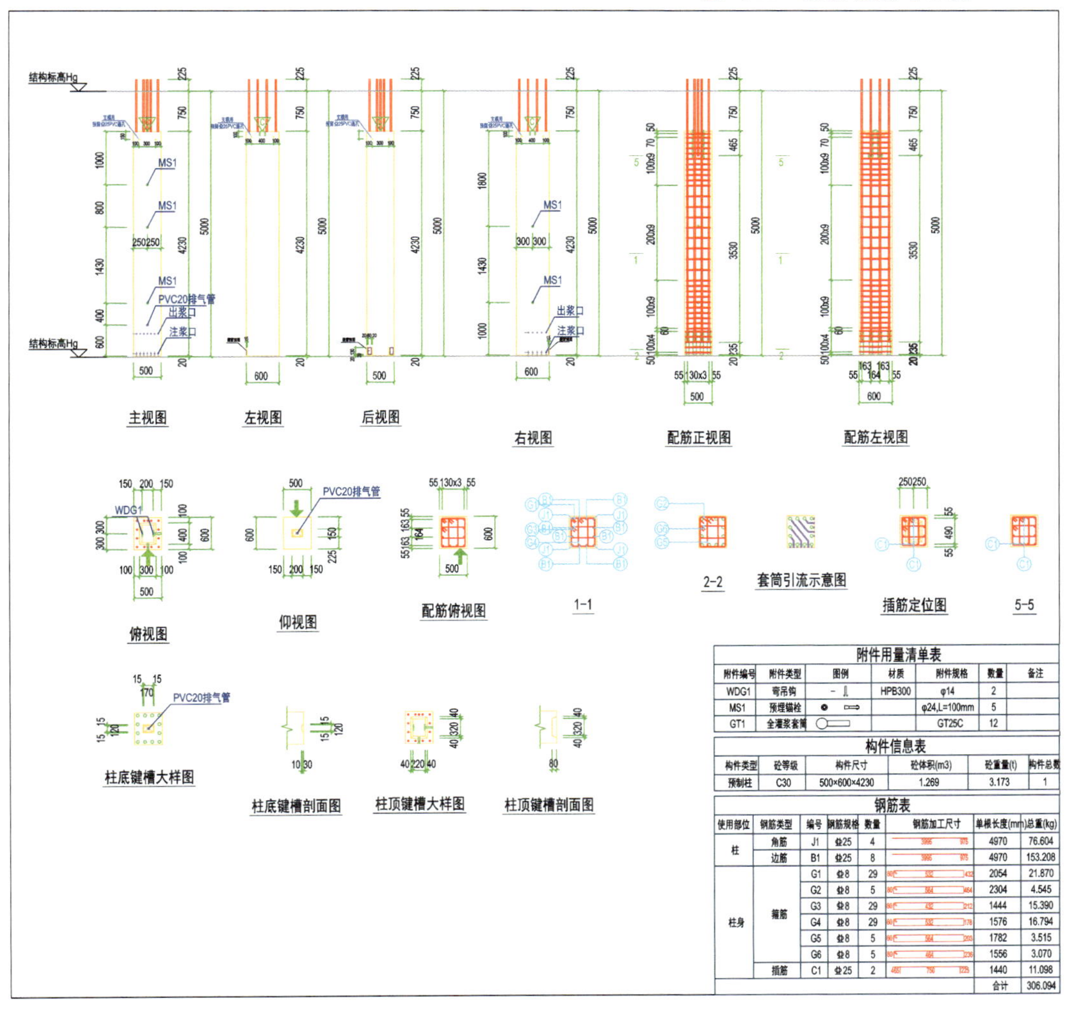

附件用量清单表

附件编号	附件类型	图例	材质	附件规格	数量	备注
WDG1	弯吊钩		HPB300	φ14	2	
MS1	预埋锚栓			φ24,L=100mm	5	
GT1	全灌浆套筒			GT25C	12	

构件信息表

构件类型	砼等级	构件尺寸	砼体积(m3)	砼重量(t)	构件总数
预制柱	C30	500×600×4230	1.269	3.173	1

钢筋表

使用部位	钢筋类型	编号	钢筋规格	数量	钢筋加工尺寸	单根长度(mm)	总重(kg)
柱	角筋	J1	⌀25	4	3995 975	4970	76.604
	边筋	B1	⌀25	8	3995 975	4970	153.208
柱身	箍筋	G1	⌀8	29	80 532 432	2054	21.870
		G2	⌀8	5	80 564 464	2304	4.545
		G3	⌀8	29	80 432 212	1444	15.390
		G4	⌀8	29	80 532 178	1576	16.794
		G5	⌀8	5	80 564 203	1782	3.515
		G6	⌀8	5	80 464 236	1556	3.070
	插筋	C1	⌀25	2	465 750 225	1440	11.098
						合计	306.094

图 4.29　预制柱详图示例

拓展思考

利用 PKPM－PC 完成附录中框架结构施工图中柱的深化设计。

情境五

预制楼梯的深化设计

预制楼梯的深化设计流程一般包括楼梯布置、楼梯拆分、楼梯布筋、附件设计等几个环节，然后进行构件编号、详图和清单等资料的快速生成，如图 5.1 所示。

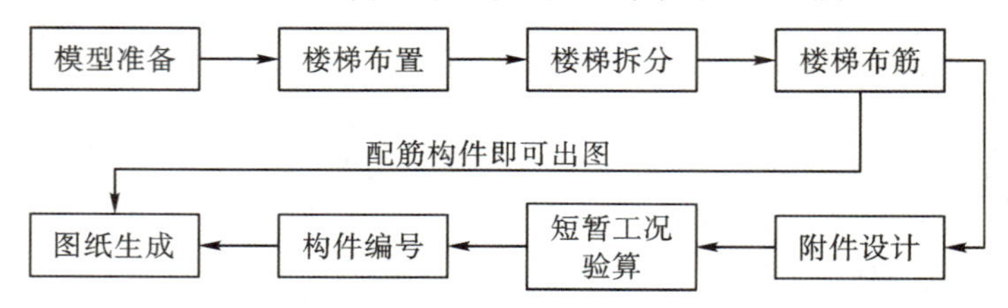

图 5.1　预制楼梯深化设计流程

知识目标

(1)掌握预制楼梯深化设计的基本知识；

(2)掌握预制楼梯深化设计施工图识读的相关知识。

能力目标

(1)能够准确识读与正确理解预制楼梯深化设计加工图；

(2)能够对预制楼梯进行拆分，并能绘制简单的深化设计加工图。

素质目标

(1)培养精益求精的工匠精神和产业报国的雄心壮志；

(2)培养节约资源、节能减排、环境保护意识。

利用 PKPM－PC 软件对某工程 2 层预制楼梯进行拆分。可扫描右侧二维码获取楼梯施工图。

(1)阅读工作任务,熟悉预制楼梯相关基础知识;

(2)学习《预制钢筋混凝土板式楼梯》(15G367－1)中预制楼梯设计要点;

(3)学习《装配式混凝土结构技术规程》(JGJ 1—2014)中涉及预制楼梯的规范;

(4)学习《装配式混凝土结构连接节点构造》(15G310－1)中预制楼梯端部节点设置要求;

(5)学习《混凝土结构施工　钢筋排布规则与构造详图(现浇混凝土板式楼梯)》(18G901－2)中钢筋排布要求。

获取信息

引导问题 1:搁置式预制楼梯端部是什么支座?不同支座做法有哪些不同?

引导问题 2:搁置式预制楼梯是否参与整体结构抗震计算?

引导问题 3:预制楼梯端部在支承构件上的最小搁置长度是多少?填入表 5.1 中。

表 5.1　最小搁置长度

抗震设防烈度	6 度	7 度	8 度
最小搁置长度/mm			

引导问题 4:预制梯板低端支座与梯梁之间的留缝宽度至少是多少?将弹塑性层间位移角限值填入表 5.2 中。

表 5.2　弹塑性层间位移角限值

结构类型	$[\theta_p]$
单层钢筋混凝土柱排架	
钢筋混凝土框架	
底部框架砌体房屋中的框架抗震墙	
钢筋混凝土框架－抗震墙、板柱抗震墙、框架－核心筒	
钢筋混凝土抗震墙、筒中筒	
多、高层钢结构	

引导问题 5:对预制楼梯板边加强筋有什么要求?

相关知识点

知识点 1:搁置式预制楼梯端部支座

预制楼梯与支承构件之间宜采用简支连接。预制楼梯宜高端设置固定铰,低端设置滑动铰,如图 5.2 和图 5.3 所示。

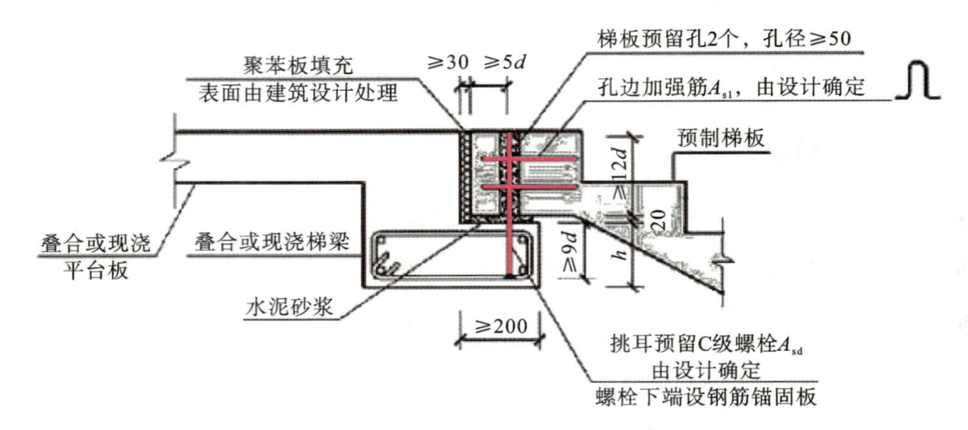

图 5.2 固定铰支座

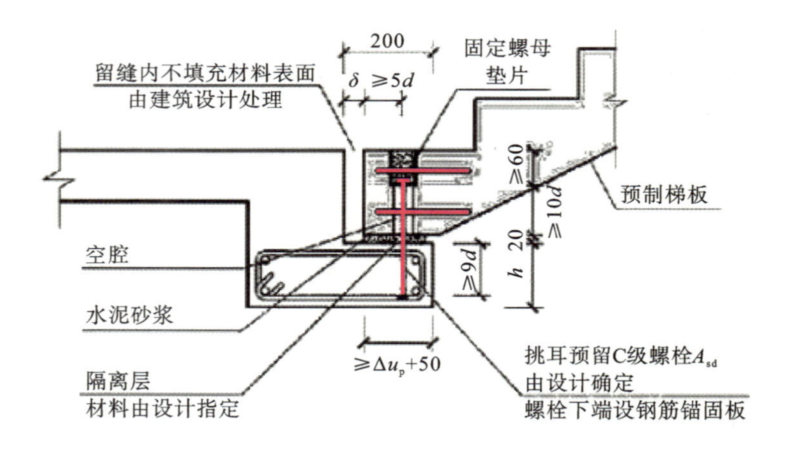

图 5.3 滑动铰支座

知识点 2:搁置式预制楼梯与整体结构抗震计算的关系

2012 年初,北京工业大学结构试验室对楼梯进行了楼梯梯段为滑动支座及楼梯梯段与主体结构整体连接的拟静力与模拟地震振动台对比试验。试验结果表明:

滑动支座抗震性能良好、工作可靠。楼梯刚度对主体结构的影响可忽略不计。主体框架结构压弯破坏时，梯段完好，无裂缝出现。

楼梯梯段与主体框架结构整体连接时，主体框架应考虑楼梯刚度的影响。当梯段采取了可靠的抗震构造措施后，主体结构破坏时，梯段出现均匀的水平裂缝，仍能正常工作。

在地震作用下，梯段下端不仅会出现预期的水平滑动，而且会出现竖向位移，使梯段下端脱空，梯端呈悬臂状态，设计配筋时应予考虑。

知识点 3：预制楼梯端部在支承构件上的最小搁置长度

预制楼梯与支承构件之间宜采用简支连接。采用简支连接时，应符合下列规定：

（1）预制楼梯宜一端设置固定铰，另一端设置滑动铰，其转动及滑动变形能力应满足结构层间位移的要求，且预制楼梯端部在支承构件上的最小搁置长度应符合表 5.3 的规定。

（2）预制楼梯设置滑动铰的端部应采取防止滑落的构造措施。

表 5.3　预制楼梯在支承构件上的最小搁置长度

抗震设防烈度	6 度	7 度	8 度
最小搁置长度/mm	75	75	100

知识点 4：预制梯板低端支座与梯梁之间的留缝宽度

预制梯板与梯梁之间的缝隙宽度，由设计确定，且应大于结构弹性层间位移，结构弹性层间位移角限值按《建筑抗震设计规范》(GB 50011—2010)确定，见表 5.4。

表 5.4　弹塑性层间位移角限值

结构类型	$[\theta_P]$
单层钢筋混凝土柱排架	1/30
钢筋混凝土框架	1/50
底部框架砌体房屋中的框架抗震墙	1/100
钢筋混凝土框架—抗震墙、板柱抗震墙、框架—核心筒	1/100
钢筋混凝土抗震墙、筒中筒	1/120
多、高层钢结构	1/50

知识点5:预制楼梯板边加强筋的要求

预制板式楼梯的梯段板底应配置通长的纵向钢筋。板面宜配置通长的纵向钢筋;当楼梯两端均不能滑动时,板面应配置通长的纵向钢筋。

预制板式楼梯在吊装、运输及安装过程中,受力状况比较复杂,规定其板面宜配置通长钢筋,钢筋量可根据加工、运输、吊装过程中的承载力及裂缝控制验算结果确定,最小构造配筋率可参照楼板的相关规定。当楼梯两端均不能滑动时,在侧向力作用下楼梯会起到斜撑的作用,楼梯中会产生轴向拉力,因此规定其板面和板底均应配通长钢筋。

小贴士

在钢筋混凝土结构中目前我国通用的是普通钢筋,它可分为热轧碳素钢和普通低合金钢两种,二者的主要区别在于化学成分不同。国家统计局数据显示,2019—2021年,我国钢筋产量同比均有增长。我国目前在钢筋材料发展方面取得长足的进步,推广冷轧带肋钢筋、高强度钢筋应用符合科学发展观的要求,对降低建筑成本、节约资源和节能减排等方面具有重大意义,这也体现了钢筋行业产业报国的雄心壮志。

工作环节一:模型准备

引导问题6:下载工作任务中的文件,利用PKPM-PC软件创建某工程“预制楼梯”模型。

小提示:装配式项目中常采用的预制楼梯类型主要有板式楼梯和梁式楼梯。PKPM-PC程序可支持板式楼梯的深化设计,包括双跑楼梯和剪刀楼梯。

工作环节二：预制楼梯的拆分设计

引导问题 7：完成工作任务中给定工程的预制楼梯拆分。

小提示：预制楼梯拆分设计的步骤：楼梯的创建→预制属性的指定→预制楼梯拆分设计（销键预留洞、防滑槽、滴水线槽和踏步倒角参数设置）。

相关知识点

【视频】5.1 -楼梯的拆分

知识点 6：PKPM - PC 软件中楼梯的创建

装配式项目中常采用的预制楼梯类型主要有板式楼梯和梁式楼梯。PKPM - PC 程序可支持双跑楼梯和剪刀楼梯设计。预制板式楼梯创建的方法如下。

1. 楼梯布置

在【结构建模】标签下单击【楼梯布置】图标按钮，选择需要布置楼梯的房间，弹出【楼梯绘制模式选择】对话框，如图 5.4 所示，可进行选择参数输入方式。

注意：仅在全房间洞、无楼板位置的闭合房间可以进行楼梯布置。

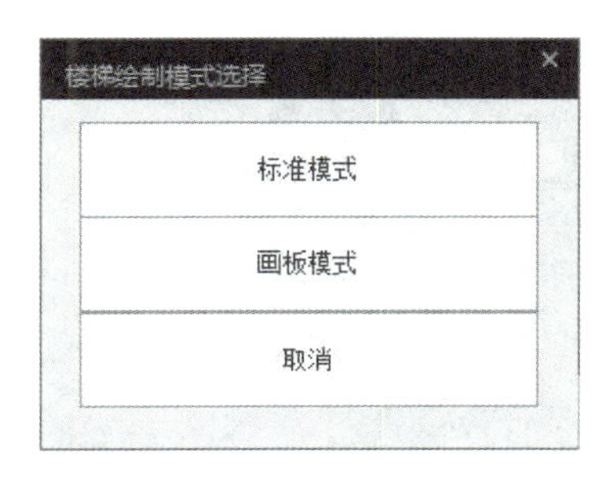

图 5.4　楼梯绘制模式选择

（1）标准模式。可选择所布置楼梯的类型并设置其具体参数，如图 5.5 所示。

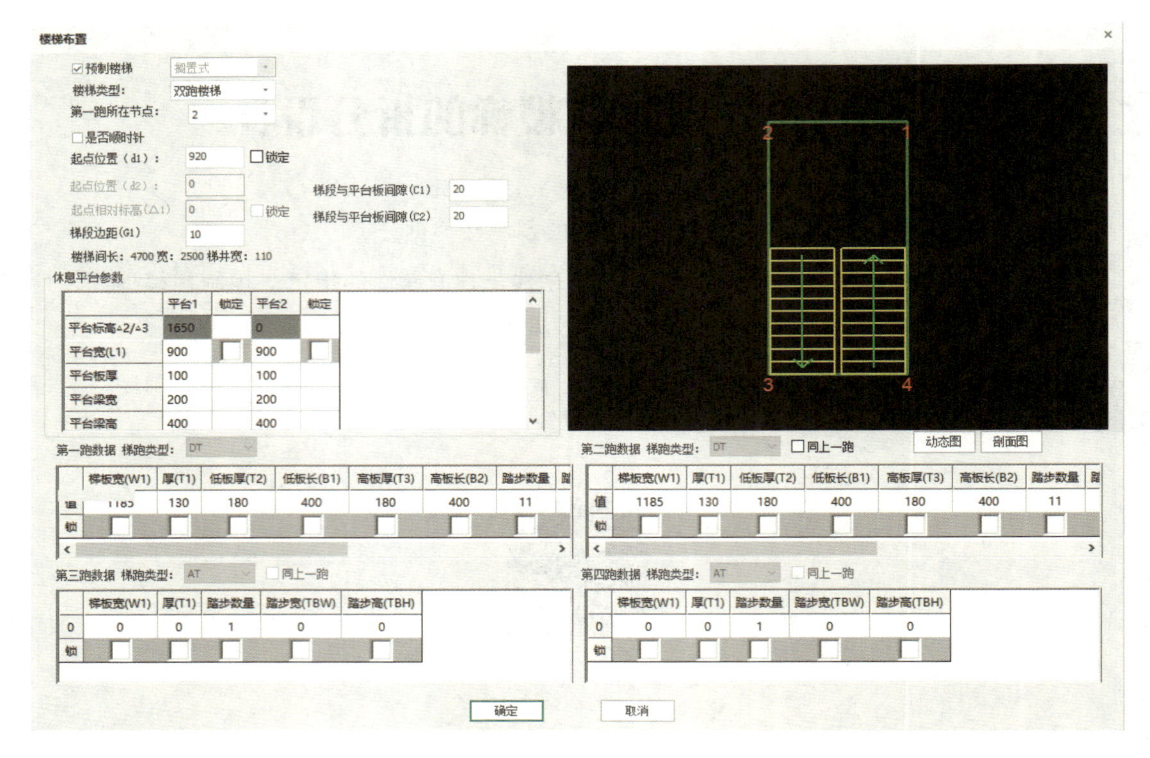

图 5.5 楼梯参数设置

(2)画板模式。选择后弹出界面，如图 5.6 所示。

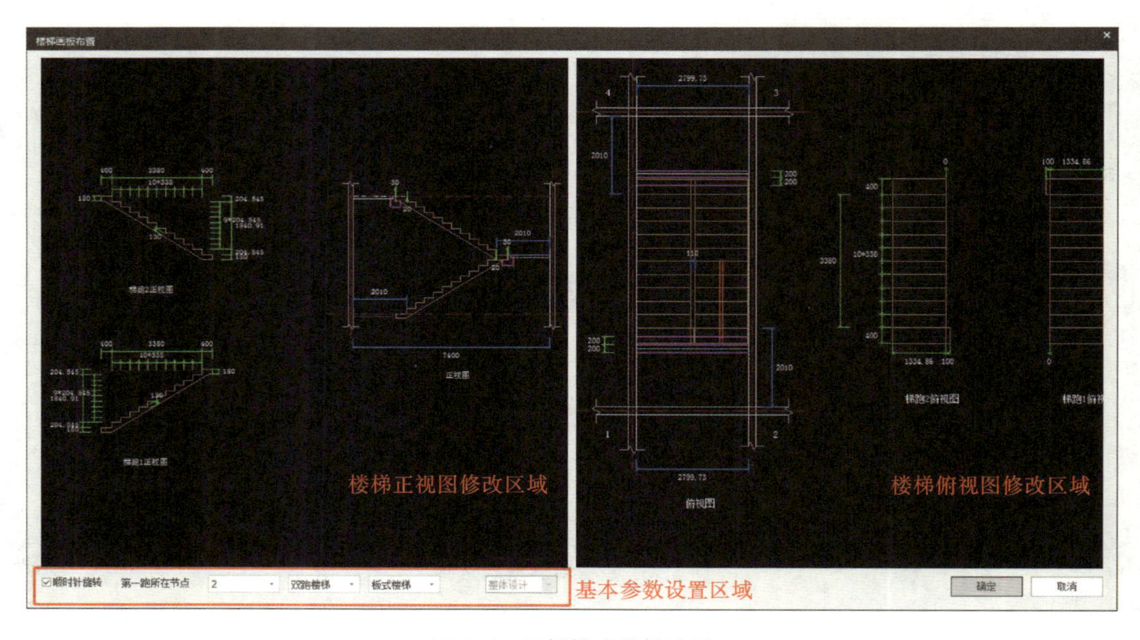

图 5.6 画板模式楼梯绘制

注意：画板模式目前支持双跑楼梯、剪刀楼梯，其中剪刀楼梯支持分段设计。

2.调整楼梯参数

在画板模式下，可根据建筑图进行楼梯定位及尺寸的调整。

对话框下部基本参数设置区域可修改楼梯的类型、起始位置及梯跑方向，如图5.7所示。

图5.7　基本参数设置区域

1)梯跑正视图尺寸修改

鼠标左键单击标注尺寸可原位修改，同时支持对首、尾踏步高度单独修改，如图5.8(a)所示；鼠标左键单击梯跑可打开隐藏尺寸标注，单击标注尺寸可修改梯跑距离支座的边距和平台板标高，如图5.8(b)所示。

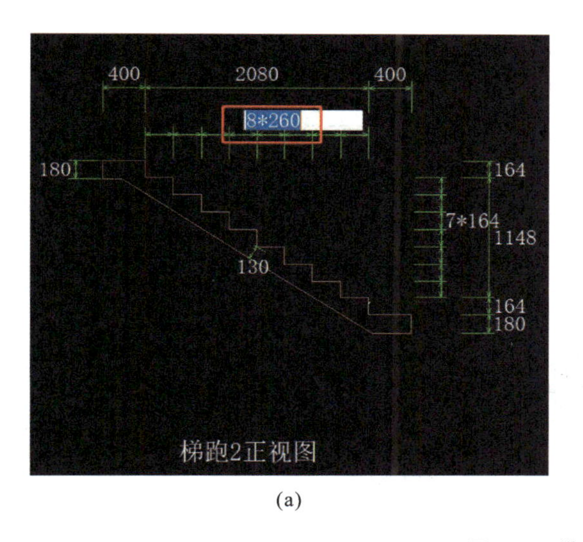

(a)

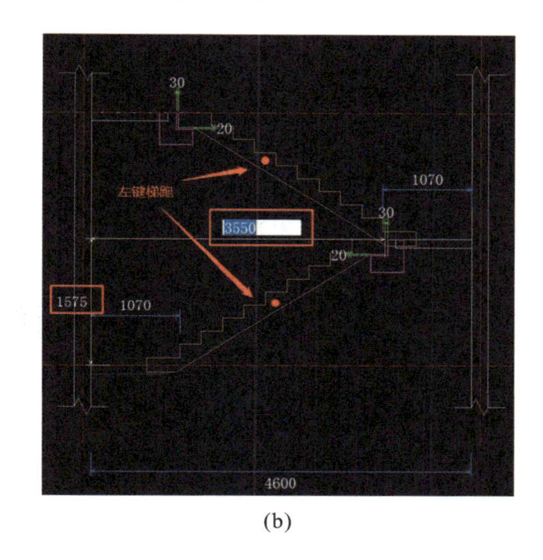

(b)

图5.8　梯跑正视图

2)梯跑俯视图尺寸修改

俯视图中可以修改梯跑的平面图外形尺寸，以及梯跑与侧墙之间间距(鼠标左键单击楼梯弹出黄色标注，单击可以原位修改两者之间距离)，如图5.9所示。

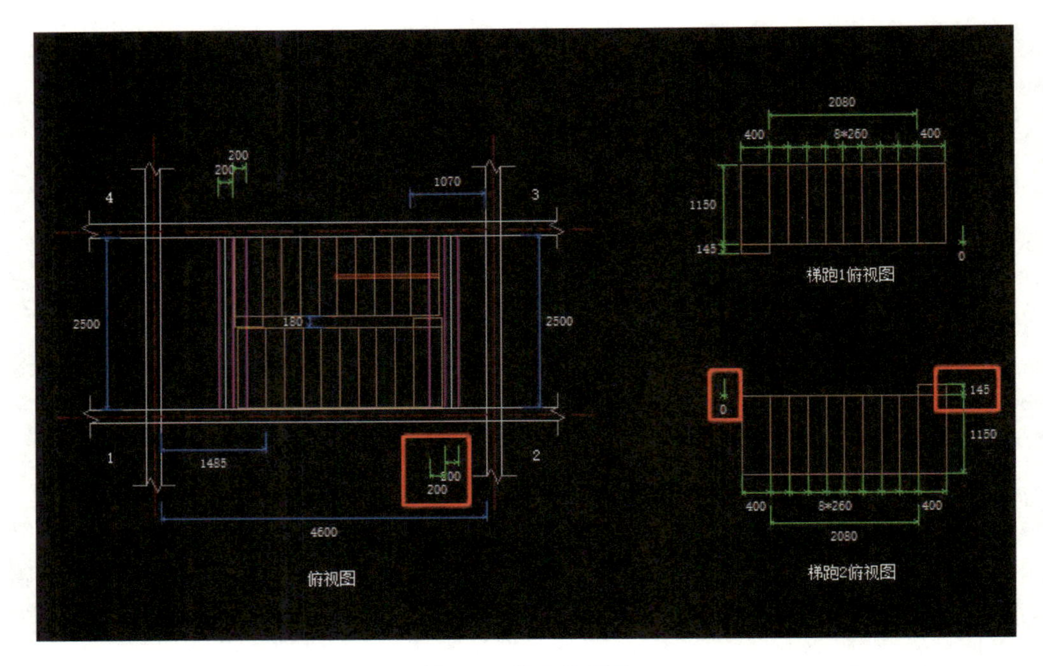

图 5.9　梯跑俯视图

注意：蓝色尺寸标注不可修改。

3)完成建模

点击【确定】，完成楼梯建模，如图 5.10 所示。

图 5.10　楼梯建模完成

说明：若存在楼体尺寸局部调整的情况，可点击【楼梯修改】命令，返回布置页面重新调整。

知识点 7:PKPM - PC 软件中楼梯的拆分设计

1. 预制属性指定

点击【方案设计】命令,勾选【预制楼梯】,选择预制楼梯段,如图 5.11 所示。

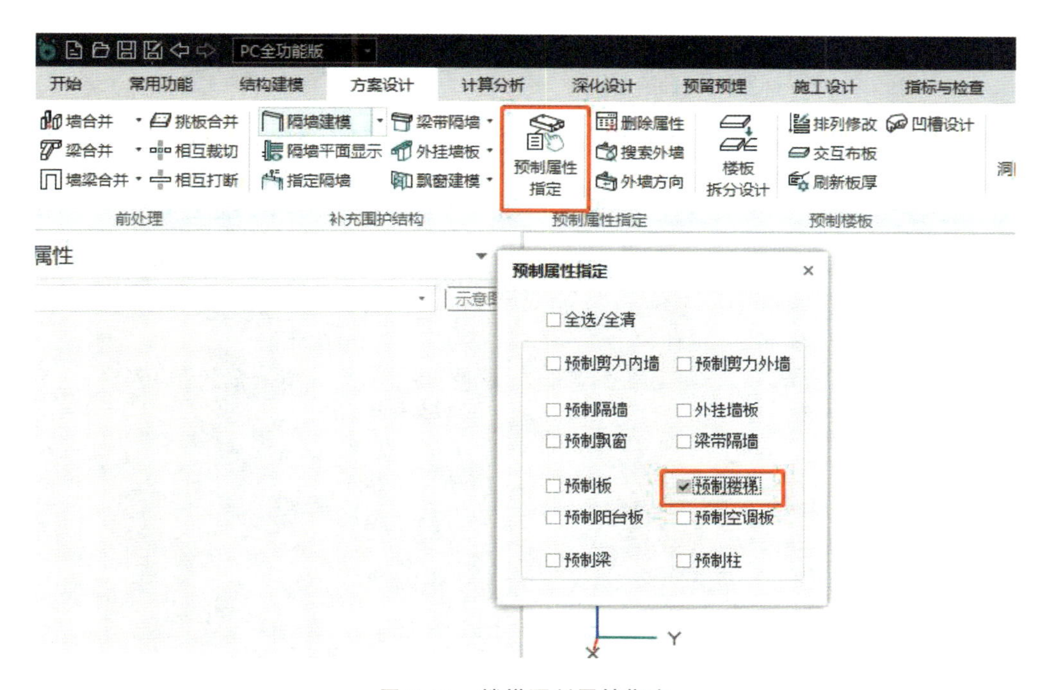

图 5.11　楼梯预制属性指定

2. 预制楼梯拆分

在方案设计模块,选择【楼梯拆分设计】,可对预制楼梯的细部构造进行设置,包括销键预留洞、防滑槽、滴水线槽和踏步倒角,同时对其尺寸进行调整。设置界面如图 5.12 所示。

【混凝土强度等级】:【同主体结构】指预制构件混凝土强度与结构构件设定的混凝土强度相同。也可通过下拉菜单选择混凝土强度等级指定给预制构件。

【预制楼梯类型】:可选择【搁置式】。

【设置销键预留洞】:是否设置销键的总控开关。当勾选时,后续的参数设置才能生效(见图 5.13),不勾选时不设置。

"销键预留洞平面"中开放了顶部销键定位尺寸【a1】【b1】和底部销键定位尺寸【a2】【b2】。

"销键预留洞剖面"中开放了顶/底部销键顶部直径【c1】【c2】、顶部高度【h1】【h2】和底部直径【d1】【d2】。

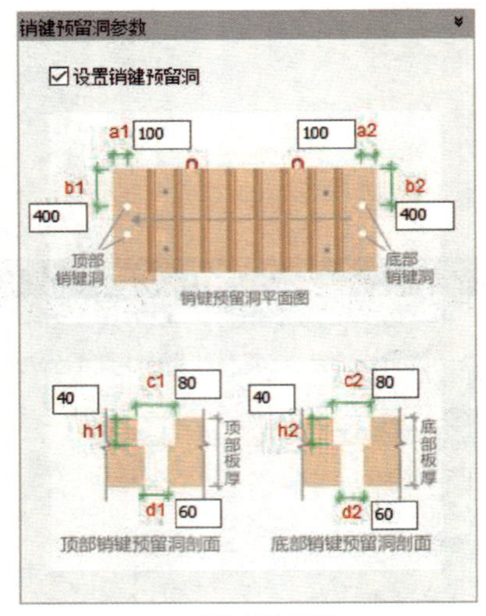

(a) 销键预留洞

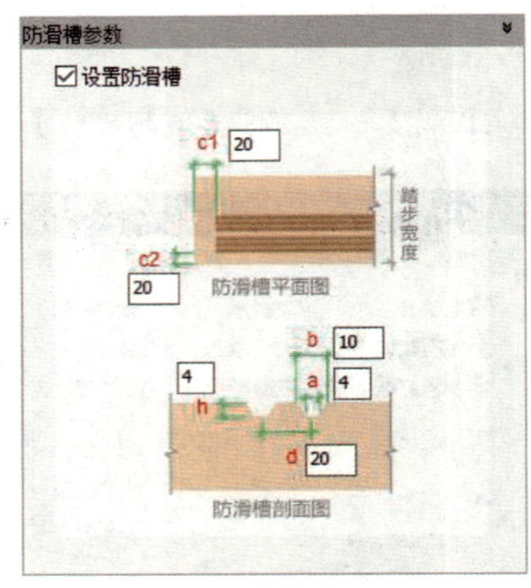

(b) 防滑槽

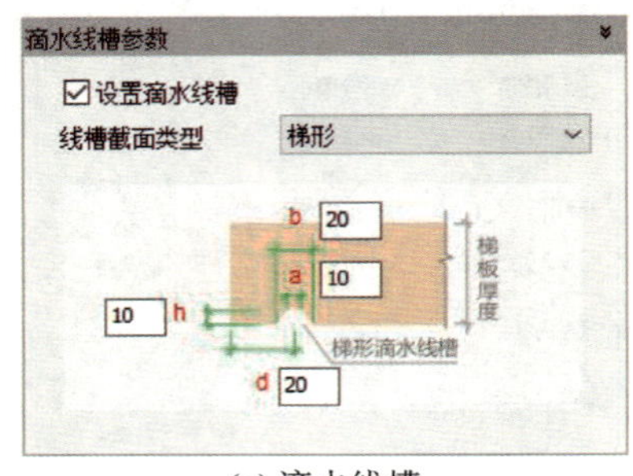

(c) 滴水线槽

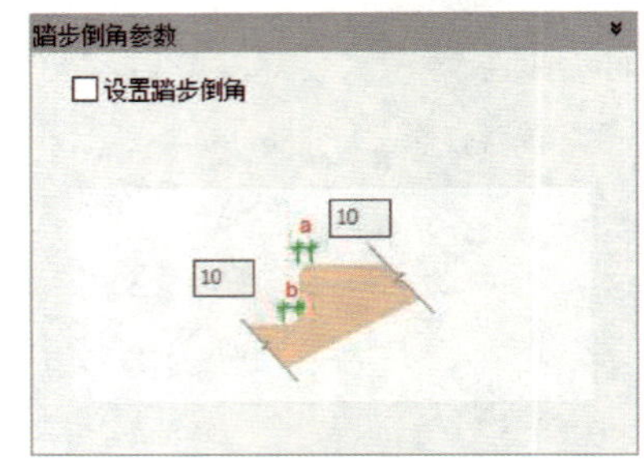

(d) 踏步倒角

图 5.12 预制楼梯拆分设计

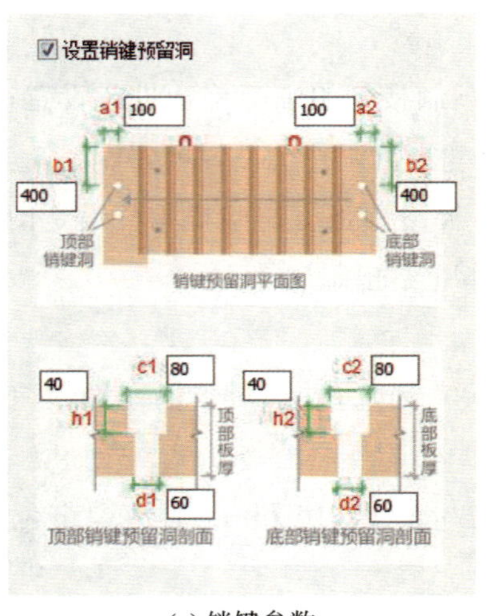

(a) 销键参数

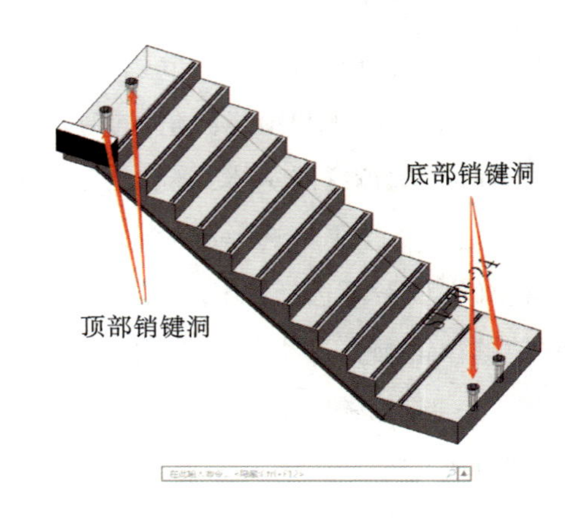

(b) 销键

图 5.13 设置销键预留洞

【设置防滑槽】:勾选复选框【设置防滑槽】,可在每步踏步处设置防护槽,不勾选时不设置。

【防滑槽参数】:"防滑槽平面"中开放防滑槽边距【c1】和防滑槽定位【c2】,"防滑槽剖面"中开放了防滑槽底面宽度【a】、顶面宽度【b】、深度【h】和防滑槽中心距【d】,如图 5.14 所示。

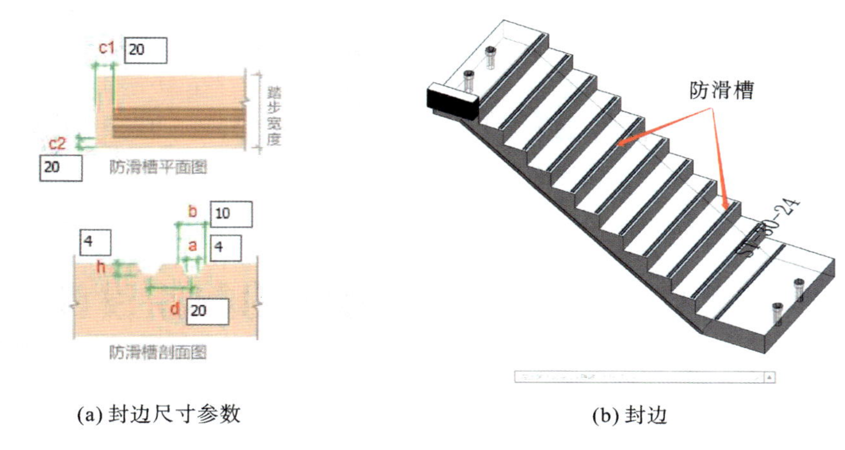

(a) 封边尺寸参数　　(b) 封边

图 5.14　防滑槽参数

【设置滴水线槽】:勾选复选框【设置滴水线槽】,可在梯板背面侧边设置滴水线槽,不勾选时不设置。

【滴水线槽截面类型】:线槽截面类型可选梯形和半圆形,并提供了相关参数,如图 5.15 所示。

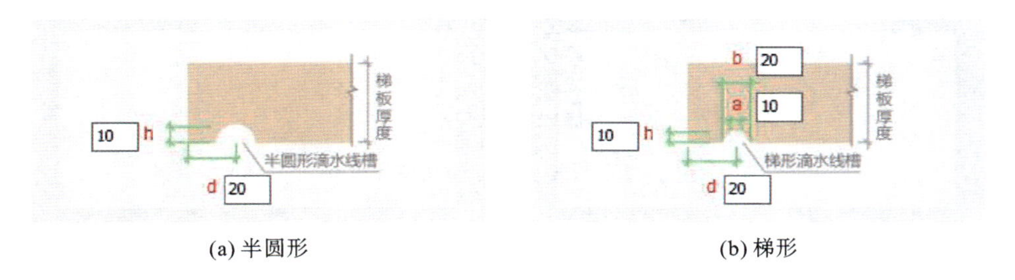

(a) 半圆形　　(b) 梯形

图 5.15　滴水线槽截面类型

【设置踏步倒角】:勾选复选框【设置踏步倒角】,可在梯板踏步阳角和阴角设置倒角,不勾选时不设置。

【踏步倒角截面类型】:踏步倒角类型支持圆角,并提供了相关参数,如图 5.16 所示。

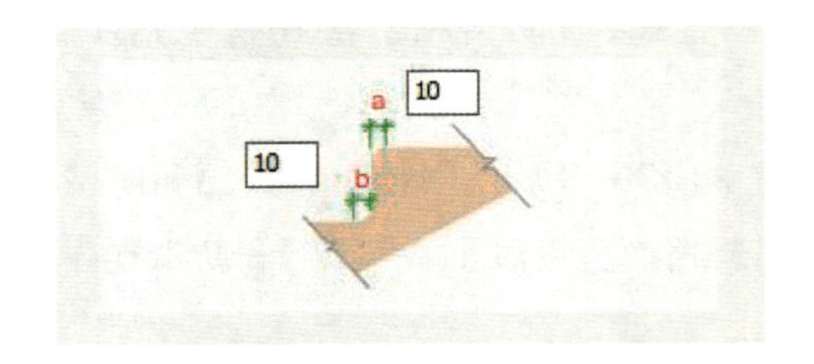

图 5.16 踏步倒角截面类型

设置好楼梯拆分参数后，选择（单选或框选）已有梯板，即可完成楼梯拆分。点击右键或按【ESC】键可退出楼梯拆分设计对话框。

工作环节三：预制楼梯的配筋设计

引导问题 8：完成工作任务中给定工程的预制楼梯的配筋设计。

小提示：预制楼梯配筋设计包括梯段钢筋设置、端部钢筋设置和加强钢筋设置。

相关知识点

知识点 8：PKPM－PC 软件中楼梯的配筋设计

【视频】5.2－楼梯的配筋和埋件设计

执行【深化设计】→【楼梯配筋设计】命令，启动楼梯配筋设计对话框。

调整配筋参数，设置界面如图 5.17 所示。

【梯段钢筋】：设置配筋之前，可输入梯板的混凝土保护层厚度，默认值为 20 mm。梯段钢筋包含【1 号底部受力纵筋】【2 号顶部纵筋】【3 号水平分布筋】，可通过下拉菜单选择钢筋等级；通过下拉选择或手动输入的方式设置钢筋直径和排列间距。具体参数见图 5.17(a)。

【端部钢筋】：端部钢筋包含顶部和底部平直段的水平筋（4、6 号钢筋）和箍筋（5、7 号钢筋），可通过下拉菜单选择钢筋等级；通过下拉选择或手动输入的方式设置钢筋直径和排列间距。具体参数见图 5.17(b)。

【加强钢筋】:加强钢筋包含销键加强筋(8号钢筋)、吊点加强筋(9、10号钢筋)和板边加强筋(11、12号钢筋),可通过下拉菜单选择钢筋等级;通过下拉选择或手动输入的方式设置钢筋直径和排列间距。【8号销键加强筋】的排列间距是指沿销键洞口竖向的加强筋间距。具体参数见图5.17(c)。

设置好配筋参数后,选择(单选或框选)已拆分的梯板,即可完成楼梯配筋。点击右键或按【ESC】键可退出楼梯配筋设计对话框。

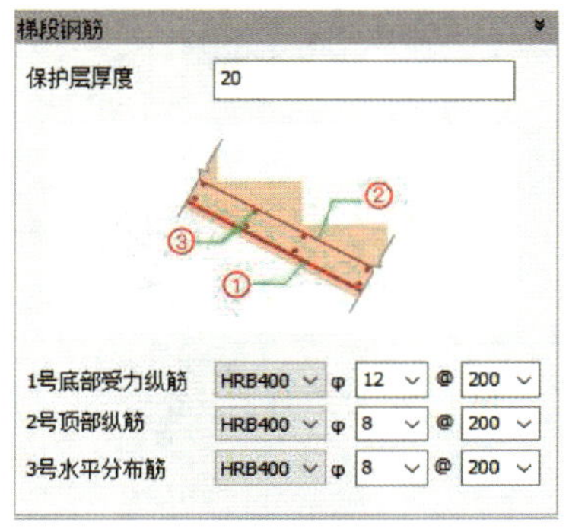

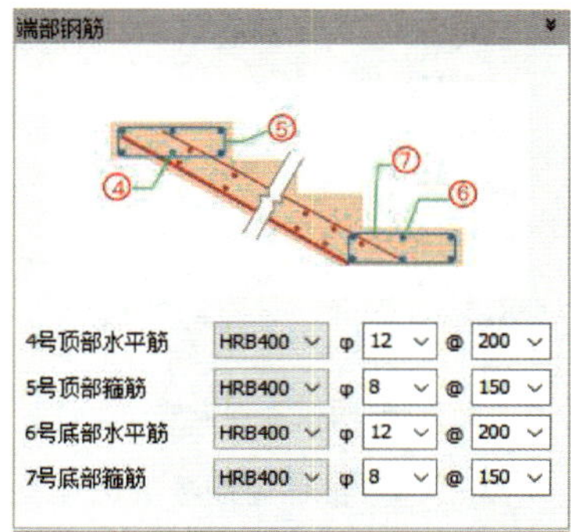

加强钢筋
8号销键加强筋 HRB400 φ 10 @ 30
9号吊点加强筋 HRB400 φ 10
10号吊点加强筋 HRB400 φ 10
11号板边加强筋 HRB400 φ 12
12号板边加强筋 HRB400 φ 12

(a)梯段钢筋设计　(b)端部钢筋设计　(c)加强筋设计

图5.17　楼梯配筋参数设置

工作环节四:预制楼梯附件设计

引导问题9:完成工作任务中给定工程的预制楼梯附件设计。

小提示:预制楼梯附件包括吊装埋件、脱模埋件和栏杆埋件。

相关知识点

知识点9:PKPM-PC软件中楼梯的附件设计

【视频】5.2-楼梯的配筋和埋件设计

执行【深化设计】→【楼梯附件设计】,启动楼梯附件设计对话框。对楼梯的吊装埋件、脱模埋件及栏杆埋件进行设置。依据图纸内容,调整参数如图 5.18 所示。

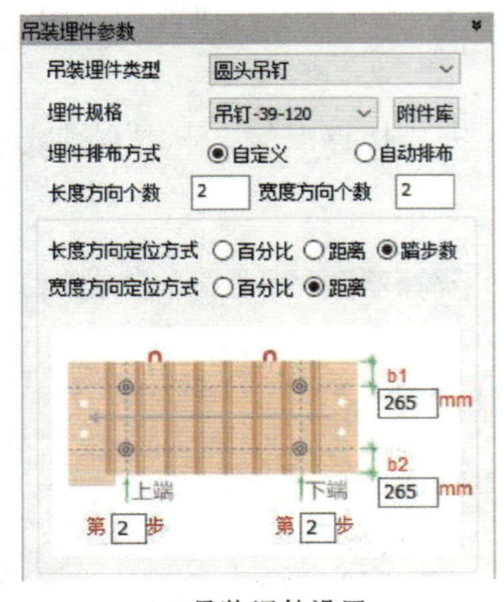

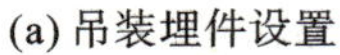
(a) 吊装埋件设置

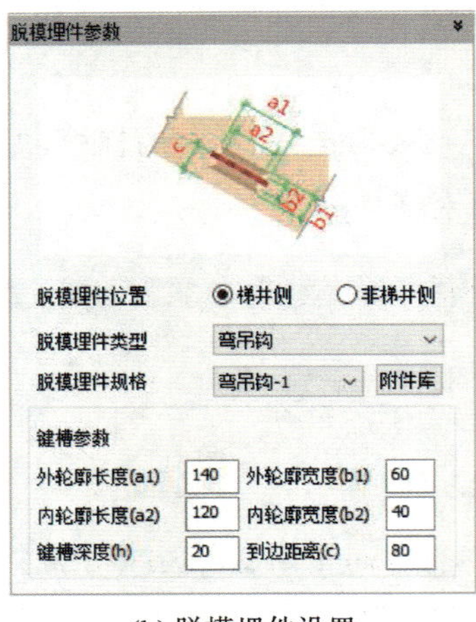

(b) 脱模埋件设置

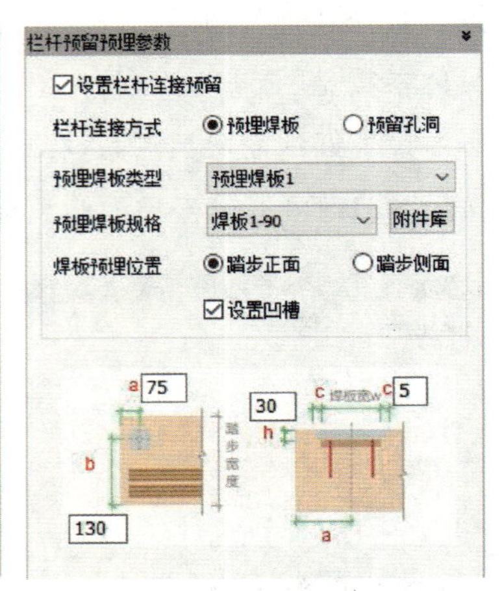

(c) 栏杆埋件设置

图 5.18 楼梯埋件参数设置

1. 吊装埋件设置

(1)吊装埋件类型及埋件规格。软件提供了 2 种吊装埋件类型:预埋螺栓和预埋锚栓。可用下拉菜单选择不同规格的埋件。点击【附件库】按钮可直接打开共享附件库查看和修改选中埋件的相关参数。

(2)埋件排布,如图 5.18(a)所示,可自定义吊装埋件排布,也可选择自动排布。

当输入完长度方向和宽度方向的埋件个数后,若选择【自动排布】,软件会根据梯板长度或宽度自动按照 20%的定位距离布置最外侧 4 个吊装埋件的位置,中间埋件按平分间距排布。若选择【自定义排布】,长度方向的埋件边距可根据百分比、距离和踏步数的方式定位最外侧 4 个吊装埋件长度方向的位置;宽度方向的埋件边距可根据百分比和距离的方式定位最外侧 4 个吊装埋件宽度方向的位置。

【百分比】定位方式是指埋件中心距梯板边的距离占梯板长度或宽度的比例。对于长度方向,若按比例计算出来的位置处于上下端平直段,则埋件将布置在计算出来的定位处;若按比例计算出来的定位处于踏步范围,则埋件将布置在计算出来的定位所处踏步的中间。对于宽度方向,埋件根据梯板宽度按照比例计算出来的位置布置。

【距离】定位方式是指埋件中心距梯板边的距离。对于长度方向,当输入距离小于上下端平直段长度时,则埋件布置在输入距离处;若输入距离位于踏步范围时,则埋件将布置在输入距离所处踏步的中间。对于宽度方向,埋件定位则按实际输入距离布置,如图 5.19 所示。

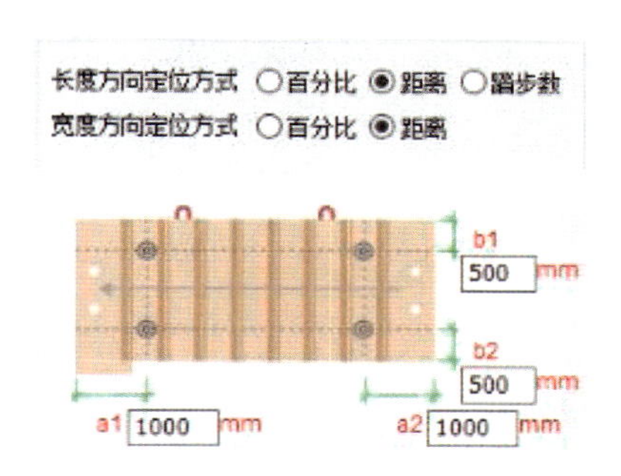

图 5.19　【距离】定位方式

【踏步数】定位方式是指从位于倾斜段的踏步第 1 步开始算起，直接输入埋件所在位置的踏步数，定位在所处踏步的中间，如图 5.20 所示。

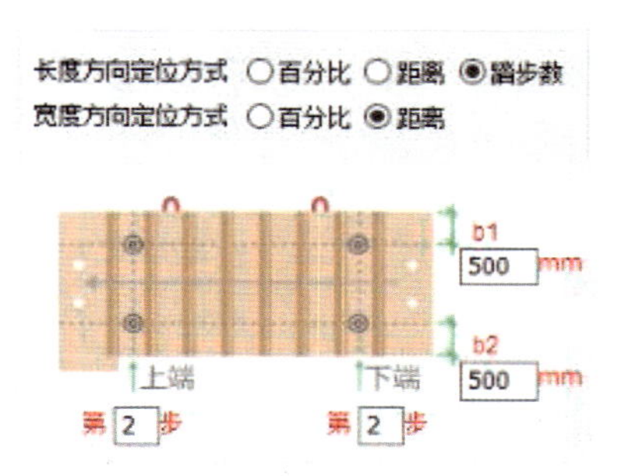

图 5.20　【踏步数】定位方式

2. 脱模埋件设置

脱模埋件可选择设置在梯井侧或非梯井侧。脱模埋件类型有弯吊钩和圆头吊钉，可通过下拉菜单切换选择。点击【附件库】按钮可直接打开共享附件库查看和修改选中埋件的相关参数。

当脱模埋件类型为弯吊钩时，需设置键槽，可在键槽参数栏里输入键槽的尺寸信息和沿厚度方向的定位信息。当脱模埋件类型为圆头吊钉时，水平默认按照第二个踏步中心和延梯板厚度中心定位吊钉的位置。脱模埋件参数如图 5.18(b)所示。

3. 栏杆预留预埋

栏杆连接方式可选择预埋焊板或预留孔洞。选择预埋焊板时，可用下拉条选择焊板规格。设置位置可选择踏步正面和侧面，定位距离可在示意图中相应位置输入距离值。若勾选【设置凹槽】选项，同时可在示意图上修改凹槽扩出尺寸 c 和深度 h。勾选【预留孔洞】时，可在示意图上原位输入洞口尺寸和洞口中心距踏步边的定位，如图 5.21 所示。

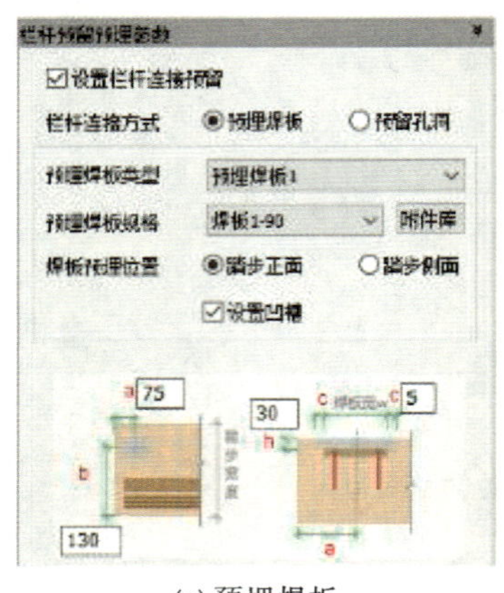

(a) 预埋焊板

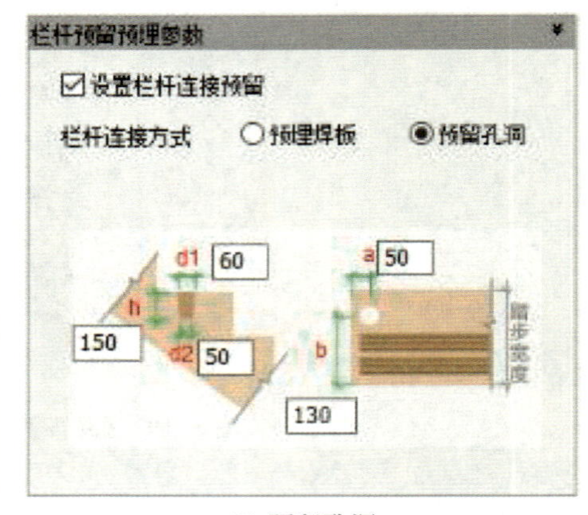

(b) 预留孔洞

图 5.21　栏杆预留预埋参数

设置好埋件参数后，选择（单选或框选）已配筋的梯板，即可完成楼梯埋件布置。点击右键或按【ESC】键可退出楼梯埋件设计对话框。

设置完成后选中对应梯段板，设计结果如图 5.22 所示。

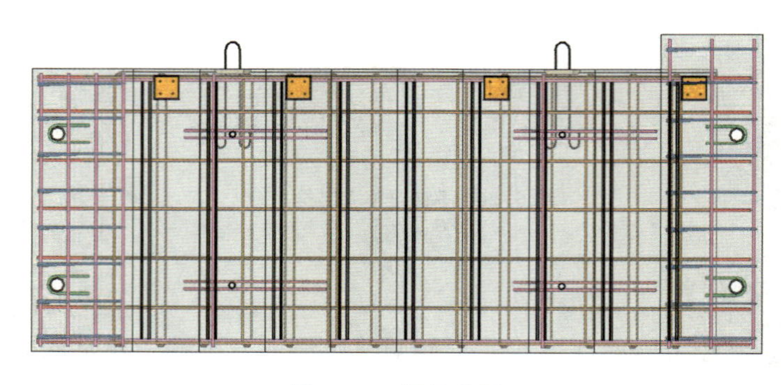

图 5.22　设计结果

工作环节五：预制楼梯短暂工况验算

引导问题 10：完成工作任务中给定工程的预制楼梯短暂工况验算，提交验算报告。

小提示：可以进行短暂工况验算的构件类型包括叠合板、预制剪力内墙、三明治外墙、叠合梁、预制柱、外挂墙板和预制楼梯。PKPM－PC 程序可进行单构件验算和批量验算。

相关知识点

知识点 10：PKPM－PC 软件中楼梯的短暂工况验算

1. 设置验算参数

点击【指标与检查】→【验算参数】按钮，在弹出的页面中调整验算参数，如图 5.23 所示。

验算参数

参数	取值
混凝土容重 KN/m^3	25
吊装动力系数	1.5
脱模动力系数	1.2
脱模吸附力 KN/m^2	1.5
吊索与竖直方向的夹角 β°	0
预埋吊件安全系数 γ1	4
混凝土破坏安全系数 γ2	4
脱模时混凝土强度百分比 %	75
楼板吊点计算个数（仅针对吊钩）	
是否按照全部吊点计算	否
吊点≥4个时，计算吊点数	3

说明：吊装动力系数
根据《装配式混凝土结构技术规程》JGJ1-2014第6.2.2条：
"构件运输、吊运时，动力系数宜取1.5；构件翻转及安装过程中就位、临时固定时，动力系数可取1.2"

恢复默认　取消　确定

图 5.23　设置验算参数

2. 单构件验算

点击【指标与检查】→【单构件验算】命令，选择需要验算的梯段板，自动弹出楼梯验算报告书，验算书中标红的字体表示验算未通过，如图 5.24 所示。

N_{Rkc}/γ_2 = 79.56/4.0=19.9 kN> FD = 4.73 kN　满足要求。

六、侧面吊点承载力验算

单个吊件脱模吊装荷载计算：

z=1/cosβ=1.00

F_B=G×z/n=9.46 kN

吊钩起吊最大值：R_c=π×D^2/4×2×65.0/1000=π×6^2/4×2×65.0/1000=3.68 kN

F_B<R_c，吊钩不满足要求！

七、验算结果汇总

验算内容	验算容许值	内力	结果
正截面法向拉应力	0.75f_{tk}=1.51	σ_ck=1.13 N/m^2	满足

图 5.24　预制楼梯验算结果

3. 调整埋件

查看验算结果，如果显示侧面吊钩承载力不满足要求，则需要选中梯段板，右键选择【属性】，打开左侧属性栏，调整吊钩埋件规格，如图 5.25 所示。

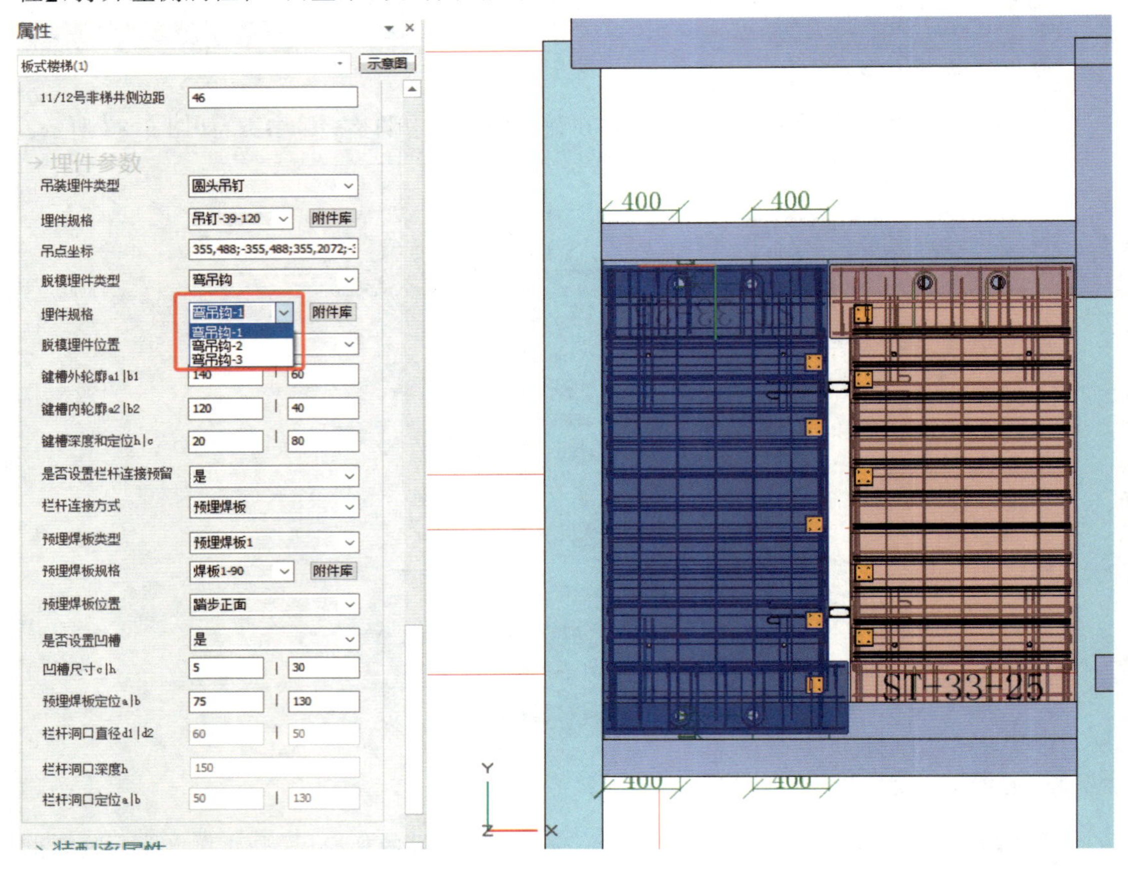

图 5.25　修改吊钩规格

4. 重新验算

调整埋件后可进行重新验算。验收通过的结果如图 5.26 所示。

七、验算结果汇总

验算内容	验算容许值	内力	结果
正截面法向拉应力	75.0%×f_{tk}=1.51 N/m²	σ_ck=0.91 N/m²	满足
正面吊点拉断破坏验算	N_{sa}/γ_1=9.75 kN	F_D=4.37 kN	满足
正面吊点混凝土锥体破坏验算	N_{Rkc}/γ_2=19.89 kN	F_D=4.37 kN	满足
侧面吊点拉断破坏验算	R_s=8.68 kN	F_D=8.73 kN	满足

图 5.26　验算通过

工作环节六:预制楼梯加工图绘制

引导问题 11:完成工作任务中给定工程的预制楼梯构件编号。

引导问题 12:生成预制楼梯构件详图。

小提示:预制楼梯编号和加工图绘制方法参考叠合板,完成示例见图 5.27 和图 5.28。

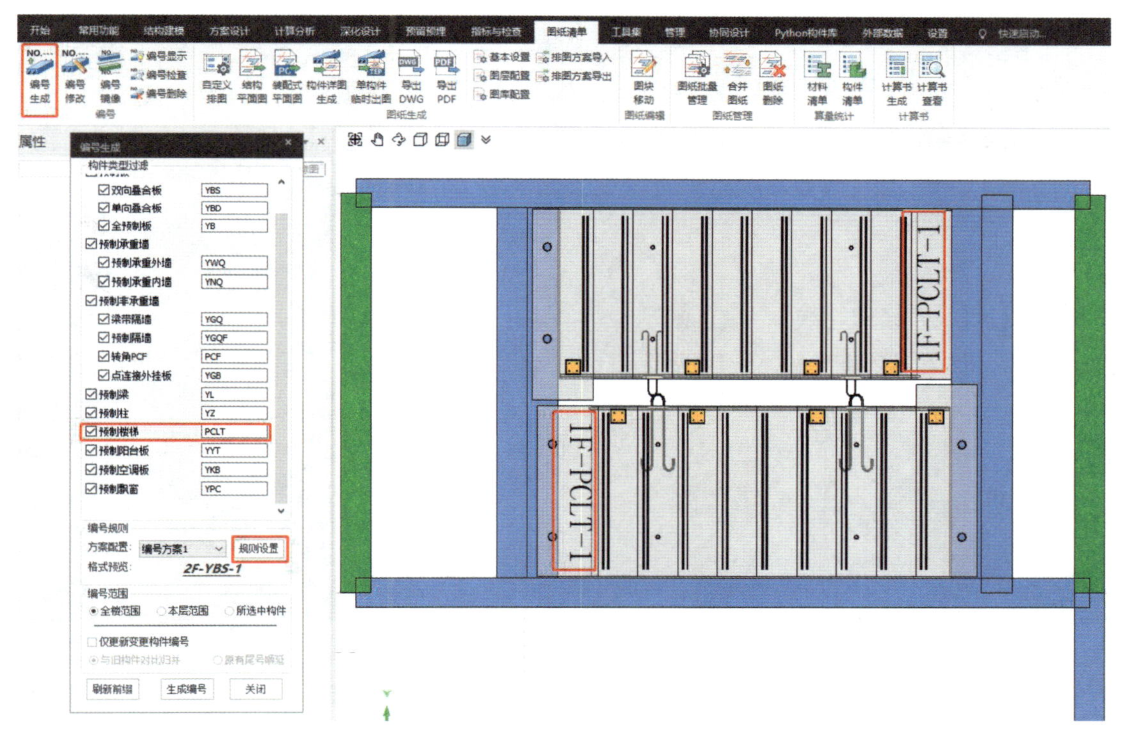

图 5.27　预制楼梯编号示例

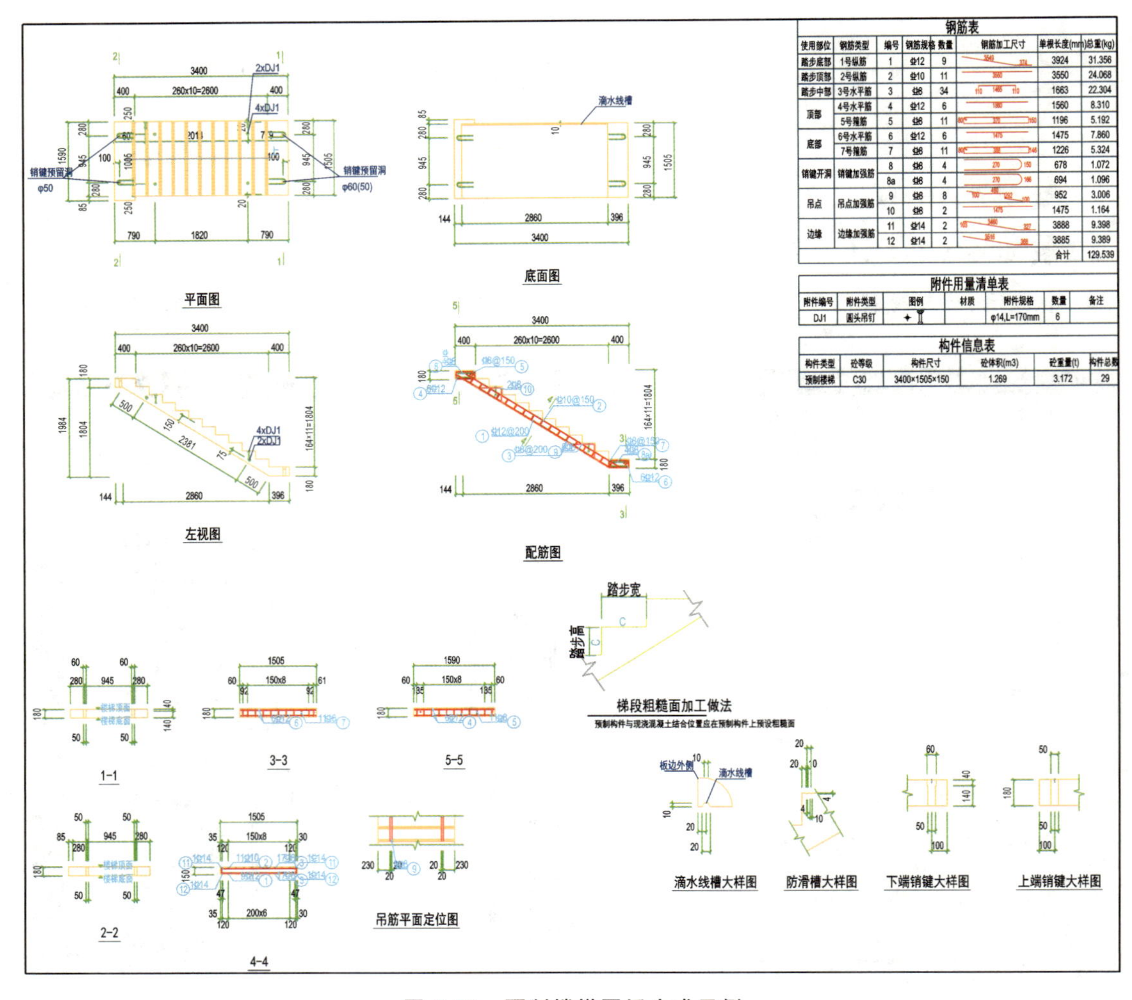

钢筋表

使用部位	钢筋类型	编号	钢筋规格	数量	钢筋加工尺寸	单根长度(mm)	总重(kg)
踏步底部	1号纵筋	1	⌀12	9		3924	31.356
踏步顶部	2号纵筋	2	⌀10	11		3550	24.068
踏步中部	3号水平筋	3	⌀8	34		1663	22.304
顶部	4号水平筋	4	⌀12	6		1560	8.310
	5号箍筋	5	⌀8	11		1196	5.192
底部	6号水平筋	6	⌀12	6		1475	7.860
	7号箍筋	7	⌀8	11		1226	5.324
销键开洞	销键加强筋	8	⌀8	4		678	1.072
		8a	⌀8	4		694	1.096
吊点	吊点加强筋	9	⌀8	8		952	3.006
		10	⌀8	2		1475	1.164
边缘	边缘加强筋	11	⌀14	2		3888	9.398
		12	⌀14	2		3885	9.389
						合计	129.539

附件用量清单表

附件编号	附件类型	图例	材质	附件规格	数量	备注
DJ1	圆头吊钉			φ14,L=170mm	6	

构件信息表

构件类型	砼等级	构件尺寸	砼体积(m3)	砼重量(t)	构件总数
预制楼梯	C30	3400×1505×150	1.269	3.172	29

图 5.28 预制楼梯图纸生成示例

拓展思考

利用 PKPM－PC 完成附录中剪力墙结构施工图中楼梯的深化设计。

情境六

预制剪力墙的深化设计

预制剪力墙的深化设计流程一般包括剪力墙拆分、预制剪力墙布筋、附件设置等几个环节，然后进行构件编号、详图和清单等资料的快速生成，如图 6.1 所示。

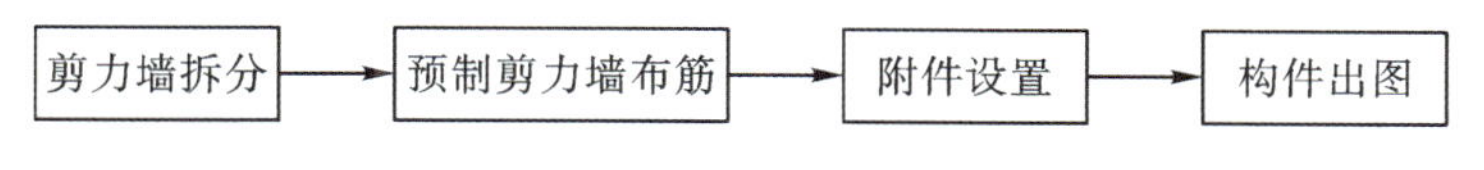

图 6.1　预制剪力墙深化设计流程

知识目标

(1)掌握预制剪力墙深化设计的基本知识；

(2)掌握预制剪力墙深化设计施工图识读的相关知识。

能力目标

(1)能够准确识读与正确理解预制剪力墙深化设计加工图；

(2)能够对预制剪力墙进行拆分，并能绘制简单的深化设计加工图。

素质目标

(1)培养良好的沟通能力；

(2)培养精益求精的工匠精神。

利用 PKPM - PC 软件对项目中指定的剪力墙进行拆分。可扫描右侧二维码获取剪力墙平面布置施工图。

(1)阅读工作任务,熟悉预制剪力墙相关基础知识;

(2)学习《预制混凝土剪力墙外墙板》(15G365-1)、《预制混凝土剪力墙内墙板》(15G365-2)预制剪力墙设计要点;

(3)学习《装配式混凝土结构技术规程》(JGJ 1—2014)中涉及预制剪力墙的规范条文;

(4)学习《装配式混凝土结构连接节点构造》(15G310-1)中预制剪力墙节点构造。

引导问题1:预制剪力墙的构造要求有哪些?

引导问题2:请写出上下层预制剪力墙的竖向钢筋连接要求。

引导问题3:楼层内相邻预制剪力墙之间采用整体式接缝连接时应符合哪些规定?

引导问题4:端部无边缘构件的预制剪力墙,需要满足哪些构造?

引导问题5:屋面以及立面收进的楼层,应在预制剪力墙顶部设置封闭的后浇钢筋混凝土圈梁。后浇钢筋混凝土圈梁应符合哪些规定?

引导问题6:各楼面位置,预制剪力墙顶部无后浇圈梁时,应设置连续的水平后浇带。水平后浇带应符合哪些规定?

相关知识点

知识点1:预制剪力墙的构造要求

(1)预制剪力墙宜采用一字形,也可采用L形、T形或U形;开洞预制剪力墙洞口宜居中布置,洞口两侧的墙肢宽度不应小于200 mm,洞口上方连梁高度不宜小于250 mm。

(2)预制剪力墙的连梁不宜开洞;当需开洞时,洞口宜预埋套管,洞口上、下截面的有效高度不宜小于梁高的1/3,且不宜小于200 mm;被洞口削弱的连梁截面应进行承载力验算,洞口处应配置补强纵向钢筋和箍筋,补强纵向钢筋的直径不应小于12 mm。

(3)预制剪力墙开有边长≤800 mm的洞口且在结构整体计算中不考虑其影响时,应沿洞口周边配置补强钢筋;补强钢筋的直径不应小于12 mm,截面面积不应小于同方向被洞口截断的钢筋面积;该钢筋自孔洞边角算起伸入墙内的长度,非抗震设计时不应小于l_a,抗震设计时不应小于l_{aE},如图6.2所示。

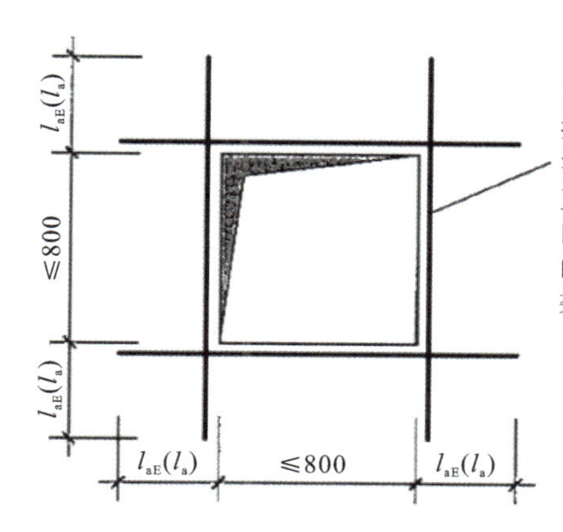

图 6.2　预制剪力墙洞口补强钢筋配置示意

(4)预制墙板竖向钢筋连接区域，水平钢筋加密高度规定：当采用套筒灌浆连接时，自套筒底部至套筒顶部并向上延伸 300 mm 范围内，预制剪力墙的水平分布筋应加密(见图 6.3)，加密区水平分布筋的最大间距及最小直径应符合表 6.1 的规定，套筒上端第一道水平分布钢筋距离套筒顶部不应大于 50 mm。

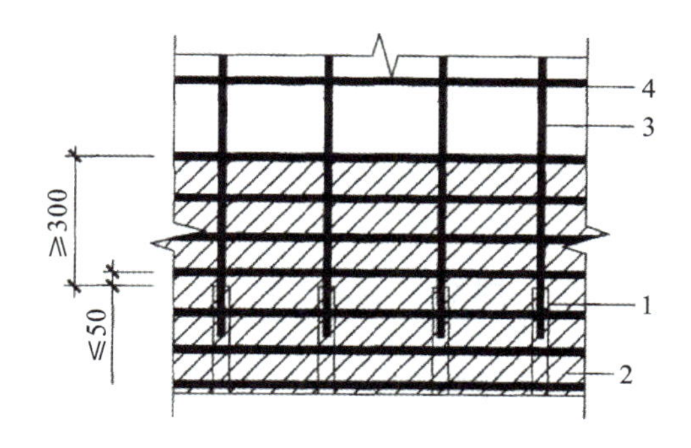

1—灌浆套筒；2—水平分布钢筋加密区域(阴影区域)；3—竖向钢筋；4—水平分布钢筋。

图 6.3　钢筋套筒灌浆连接部位水平分布钢筋加密构造示意

表 6.1　加密区水平分布钢筋的要求

抗震等级	最大间距/mm	最小直径/mm
一、二级	100	8
三、四级	150	8

知识点 2：上下层预制剪力墙的竖向钢筋连接要求

(1)边缘构件的竖向钢筋应逐根连接。

(2)预制剪力墙的竖向分布钢筋，当采用“梅花形”部分连接时，如图 6.4 所示，被连接的同侧钢筋直径不应小于 12 mm，其间距不应大于 600 mm，且在剪力墙构件承载力设计和分布钢筋配筋率计算中不得计入不连接的分布钢筋；不连接的竖向分布钢筋直径不应小于 6 mm。

(3)抗震等级为一级的剪力墙以及二、三级底部加强部位的剪力墙，剪力墙的边缘构件竖向钢筋宜采用套筒灌浆连接。

(4)墙体厚度不大于 200 mm 的丙类建筑预制剪力墙的竖向分布钢筋可采用单排连接，且在计算分析时不应考虑剪力墙平面外刚度及承载力。

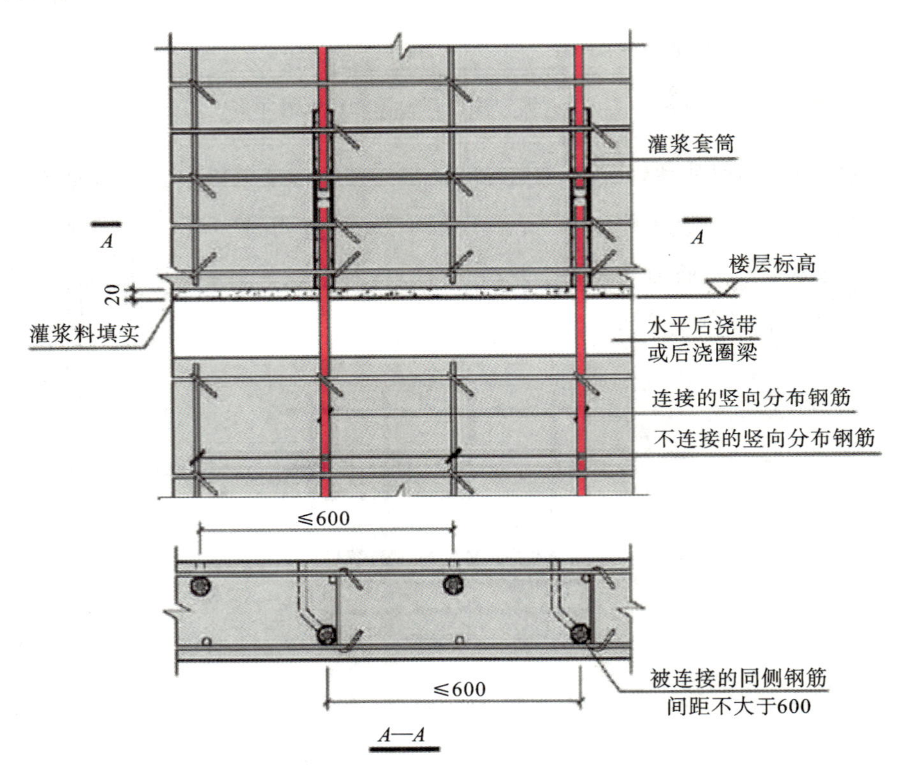

图 6.4　预制墙竖向分布钢筋梅花形部分连接

知识点 3：楼层内相邻预制剪力墙连接规定

楼层内相邻预制剪力墙之间应采用整体式接缝连接，且应符合下列规定：

(1)当接缝位于纵横墙交接处的约束边缘构件区域时，约束边缘构件的阴影区域(见图 6.5)宜全部采用后浇混凝土，并应在后浇段内设置封闭箍筋。

(2)当接缝位于纵横墙交接处的构造边缘构件区域时，构造边缘构件宜全部采用后浇混凝土(见图 6.6，图中阴影区域为构造边缘构件范围)；当仅在一面墙上设置后浇段时，后浇段的长度不宜小于 300 mm(见图 6.7，图中阴影区域为构造边缘构件范围)。

(3)边缘构件内的配筋及构造要求应符合《建筑抗震设计规范》(GB 50011－2010)的有关规定;预制剪力墙的水平分布钢筋在后浇段内的锚固、连接应符合《混凝土结构设计规范》的有关规定。

(4)非边缘构件位置,相邻预制剪力墙之间应设置后浇段,后浇段的宽度不应小于墙厚且不宜小于 200 mm;后浇段内应设置不少于 4 根竖向钢筋,钢筋直径不应小于墙体竖向分布钢筋直径且不应小于 8 mm;两侧墙体的水平分布钢筋在后浇段内的连接应符合《混凝土结构设计规范》的有关规定。

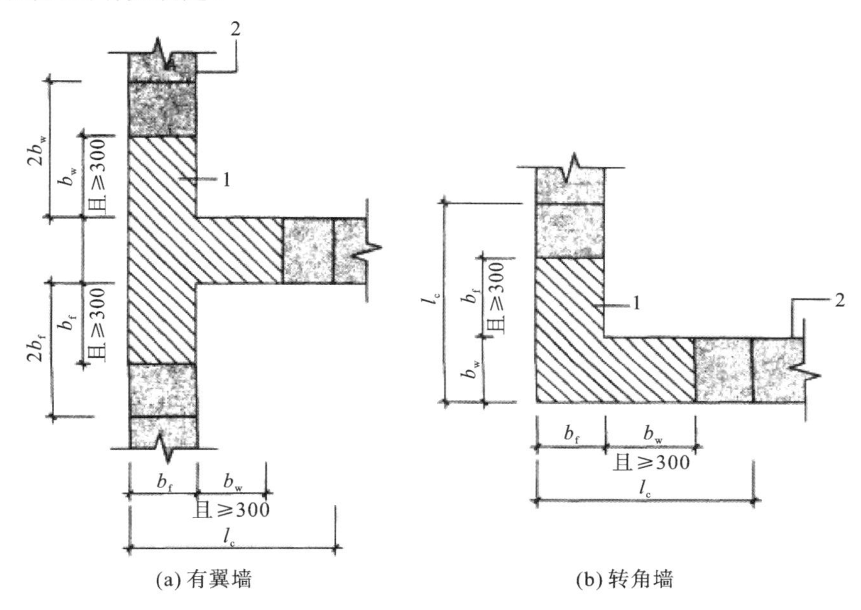

l_c—约束边缘构件沿墙肢的长度;1—后浇段;2—预制剪力墙。

图 6.5　约束边缘构件阴影区域全部后浇构造示意

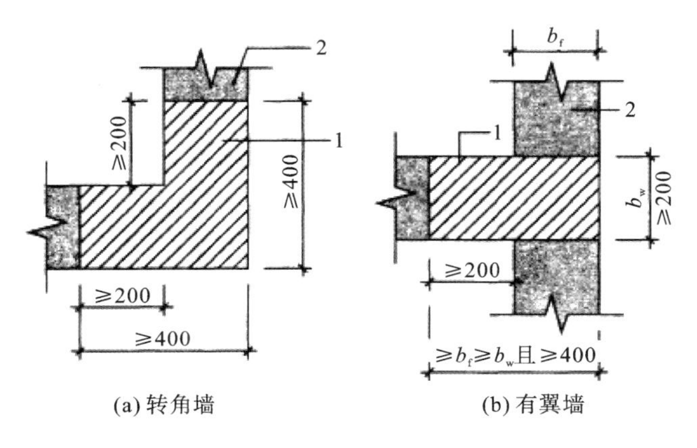

1—后浇段;2—预制剪力墙。

图 6.6　构造边缘构件全部后浇构造示意

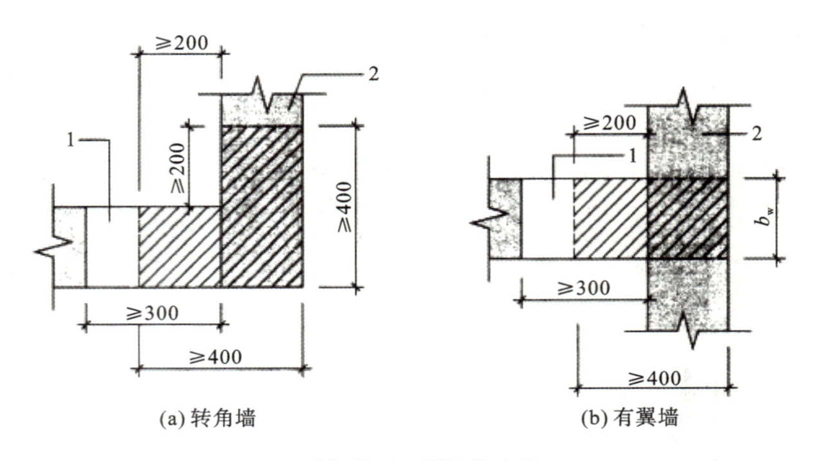

1—后浇段;2—预制剪力墙。

图 6.7 构造边缘构件部分后浇构造示意

知识点 4:端部无边缘构件的预制剪力墙构造要求

端部无边缘构件的预制剪力墙,宜在端部配置 2 根直径不小于 12 mm 的竖向构造钢筋;沿该钢筋竖向应配置拉筋,拉筋直径不宜小于 6 mm、间距不宜大于 250 mm。

知识点 5:顶层预制剪力墙水平现浇节点构造要求

屋面以及立面收进的楼层,应在预制剪力墙顶部设置封闭的后浇钢筋混凝土圈梁,并应符合下列规定:

(1)圈梁梁截面宽度不应小于剪力墙的厚度,截面高度不宜小于楼板厚度及 250 mm 的较大值;圈梁应与现浇或者叠合楼、屋盖浇筑成整体。

(2)圈梁内配置的纵向钢筋不应少于 4ϕ12,且按全截面计算的配筋率不应小于 0.5%和水平分布筋配筋率的较大值,纵向钢筋竖向间距不应大于 200 mm;箍筋间距不应大于200 mm,且直径不应小于 8 mm。

知识点 6:楼面处预制剪力墙水平现浇节点构造要求

在各楼面位置,预制剪力墙顶部无后浇圈梁时,应设置连续的水平后浇带,水平后浇带应符合下列规定:

(1)水平后浇带宽度应取剪力墙的厚度,高度不应小于楼板厚度;水平后浇带应与现浇或者叠合楼、屋盖浇筑成整体。

(2)水平后浇带内应配置不少于 2 根连续纵向钢筋,其直径不宜小于 12 mm。

小贴士

在进行课程学习的同时，应熟悉并掌握现行的规范。对于课程中涉及的构造措施和相关规定要予以重视，弄懂其中的道理，许多构造要求是大量工程经验和科学实验的总结，其地位与计算结果同等重要。

工作环节一：模型准备

引导问题 7：下载工作任务中的文件，利用 PKPM－PC 软件创建某工程“预制墙”模型。

相关知识点

知识点 7：PKPM－PC 软件中剪力墙的创建

1. 剪力墙的创建

在【结构建模】标签下单击【墙】图标按钮，在屏幕左侧弹出墙截面定义对话框，同时弹出【墙布置参数】框，如图 6.8 所示。

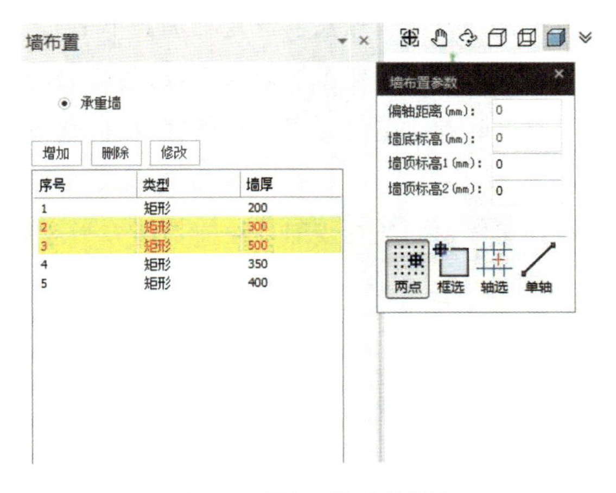

图 6.8　【墙布置参数】框

在截面列表中，当前层使用过的截面为红色字体黄底填充，当前层未被使用过的截面为黑色字体无填充，当前鼠标选中的截面为白色字体蓝底填充。墙的截面管理工具有增加、删除、修改。

承重墙的布置：点击【增加】按钮，弹出【墙截面定义】对话框，如图 6.9 所示，需要输入墙截面的【厚度】参数。点击【确定】后会在【墙布置】对话框的截面列表中增加截面。

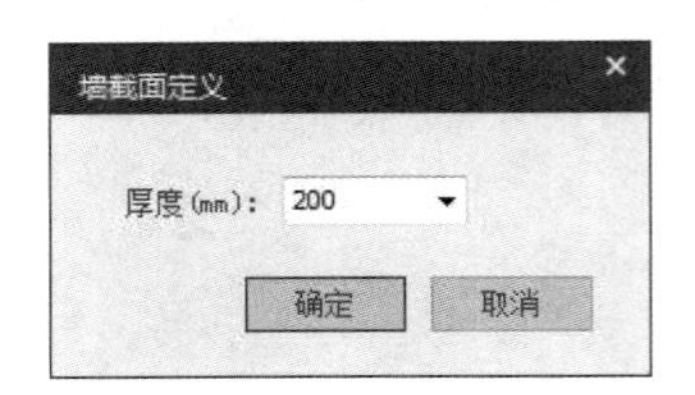

图 6.9　承重墙截面定义

选中截面列表中某一种截面类型，再点击【删除】按钮，可删除选中的截面类型。

注意：此时模型中基于该截面创建的所有墙构件都将被删除。

选中截面列表中某一种截面类型，再点击【修改】按钮，可修改选中截面类型的参数，所有基于该截面类型创建的墙构件参数随之批量修改。

(1)墙的布置参数有 4 个：【偏轴距离】【墙顶标高 1】【墙顶标高 2】【墙底标高】。

【偏轴距离】：定义墙构件平面内的偏心，该偏心指沿墙长方向的墙中心线到轴网的距离。沿墙厚方向，向左(向上)偏心为正，反之为负。

【墙顶标高 1(墙顶标高 2)】：定义墙构件在竖向的偏心，即降或抬升墙。墙顶标高指墙两端相对于本标准层顶的高差。

【墙底标高】：指墙底相对于本标准层层底的高度。墙底高于层底时为正值，低于层底为负值。

(2)墙布置提供了 4 种布置方式：【两点】【框选】【轴选】【单轴】。

【两点】布置方式：用户可以在图面上任意拾取两个点，进行墙的布置。

【框选】布置方式：用户通过两点拖曳的方式进行框选，在框选范围内的网格线上将会自动布置墙构件。

【轴选】布置方式：用户只需选中一条轴线即可快速实现多个网格上墙的布置，如图 6.10 所示。

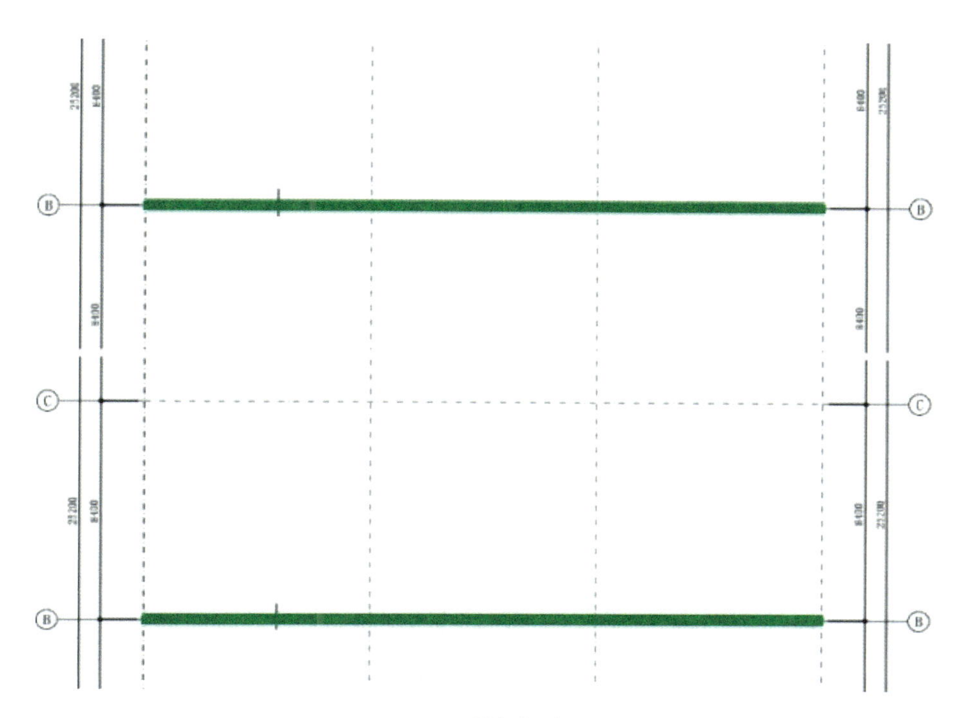

图 6.10　【轴选】布置

【单轴】布置方式:用户可以通过选择网格线实现墙的布置,如图 6.11 所示。

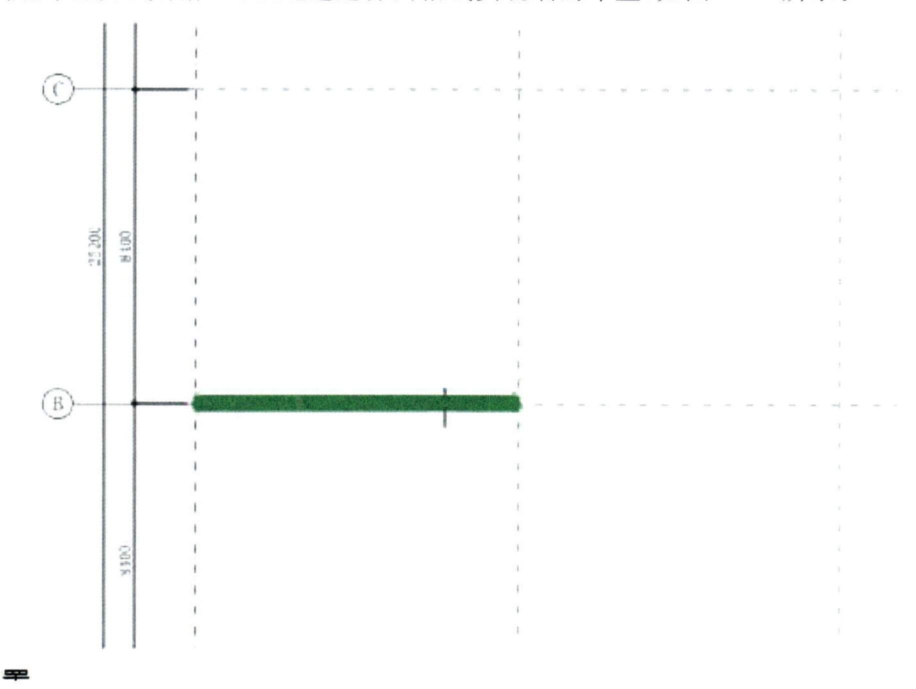

图 6.11　【单轴】布置

注意：类似于梁构件，墙构件布置之后也会生成基线，当墙基线发生重合时，后布置的墙将会替换已布置的墙。

2. 洞口填充墙

可通过【洞口填充墙】功能，对结构洞口进行填充部分补充，如图 6.12 所示。

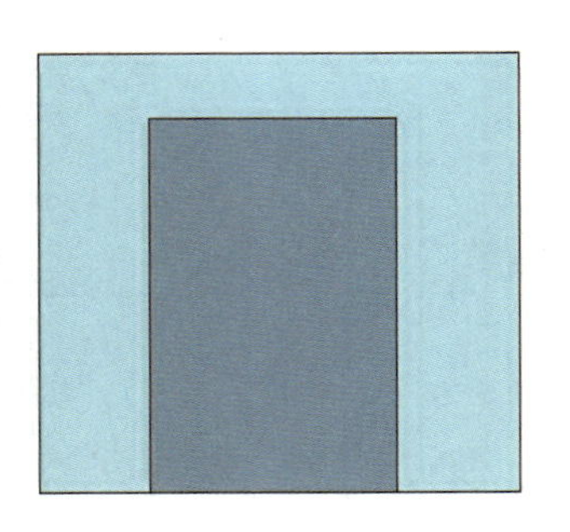

图 6.12　洞口填充

在【方案设计】中，点击【洞口填充墙】，将弹出【填充设置】对话框，设置填充墙参数，用鼠标单击，选择结构洞口进行填充墙布置，如图 6.13 所示。

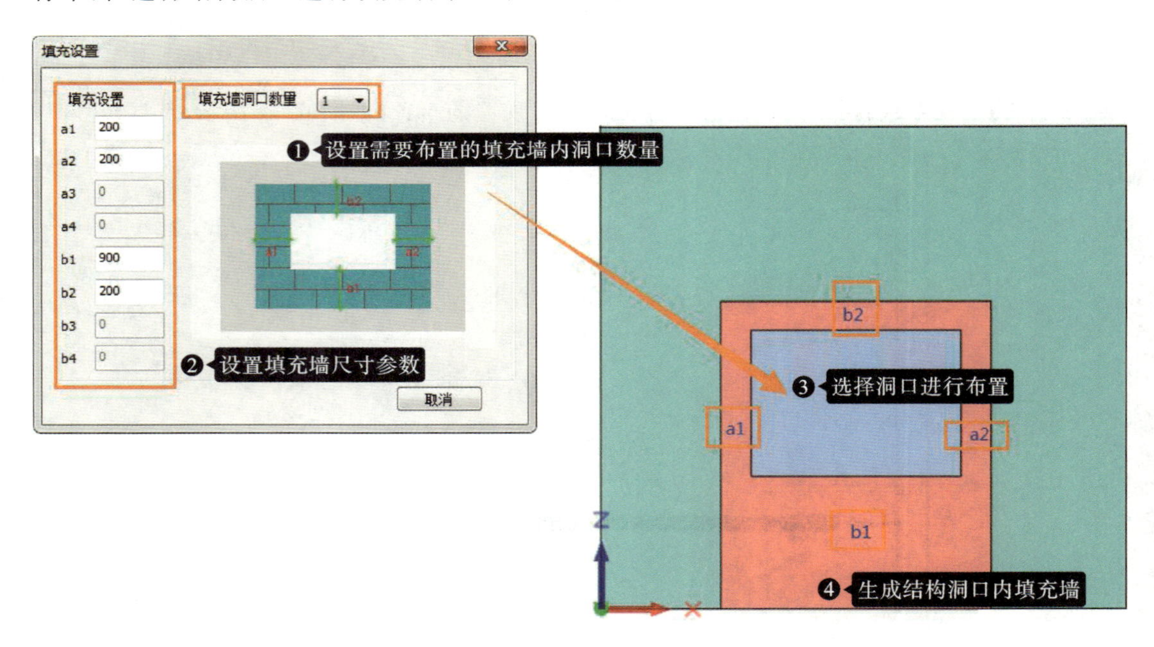

图 6.13　洞口填充参数设置

在【方案设计】中，点击【洞口填充墙】下拉按钮【删除洞口填充墙】，如图 6.14 所示，可以对洞口填充墙进行删除。

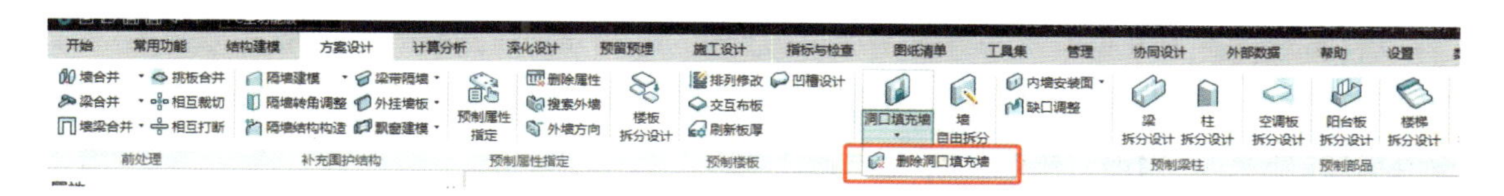

图 6.14　洞口填充墙删除

工作环节二：预制剪力墙的拆分设计

引导问题 8：完成工作任务中指定的预制剪力墙拆分。

小提示：预制剪力墙拆分设计的步骤：剪力墙的创建→预制属性的指定→预制剪力墙拆分设计（预制墙上下接缝设置、预制墙接缝设置和构造设置）

相关知识点

知识点 8：PKPM－PC 软件中预制剪力墙的拆分设计

【视频】6.1－剪力墙自由拆分设计详解

1. 预制属性指定

预制剪力外墙属性指定可以利用搜索外墙功能，如图 6.15 所示。

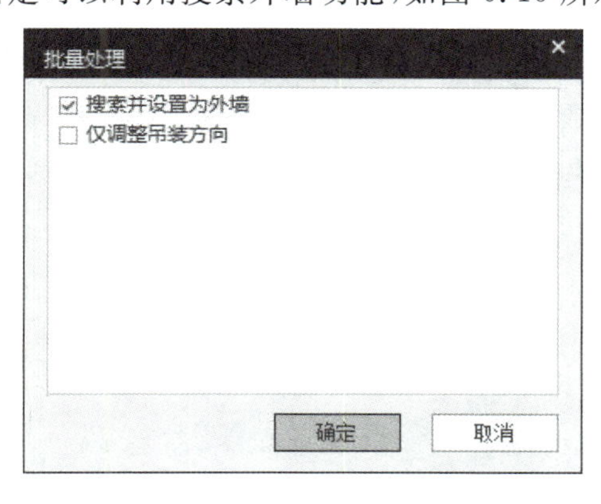

图 6.15　批量处理功能

【搜索并设置为外墙】:自动搜索本层范围的包络整个模型的墙体(剪力墙和梁带隔墙),根据构件类型将搜索到的墙体设置为预制剪力外墙/预制梁带隔墙。预制剪力外墙/预制梁带隔墙的【外墙方向】远离模型侧。

【外墙方向】为指定了预制属性的剪力外墙/梁带隔墙外部的方向。当此类墙拆分为带保温和外叶板的预制构件时,保温层和外叶板位于外墙方向侧。

【外墙方向】用垂直墙表面的线段标识,如图 6.16 所示。

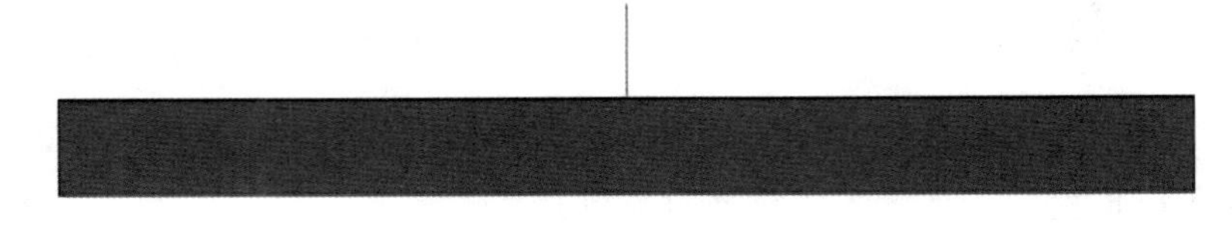

图 6.16　外墙方向标识

2. 生成现浇节点

此步骤可以省略,也可以直接进入下一步操作。

(1)生成现浇节点。现浇节点相关参数在对话框中设置,如图 6.17 所示。

①设置生成现浇节点尺寸,输入值为墙内边尺寸。

②纵横墙交接处形式,提供 T 形和一字形两种形式的节点。

③生成节点的方式有两种,一是打开对话框后,框选需要生产节点的构件;二是点击快速生成,形成当前层的现浇节点。

(2)修改现浇节点。现浇节点生成后,可以对节点的尺寸参数进行修改和调整,具体方法如下:

①勾选【显示墙洞】可以在模型中显示墙洞位置,如图 6.18 所示。

②勾选【显示现浇节点尺寸】可以在模型中显示现浇节点的尺寸,如图 6.19 所示。

③点击【修改】可以对生成的现浇节点进行尺寸修改,修改步骤如图 6.20 所示。

(3)现浇节点配筋。切换现浇节点顶部的页签至【配筋设计】页,如图 6.21 所示,可以设置现浇节点的配筋相关参数——保护层厚度、水平筋参数、竖直筋参数、拉筋参数等,点击【快速配筋】,完成当前自然层已生成现浇节点的配筋设计。

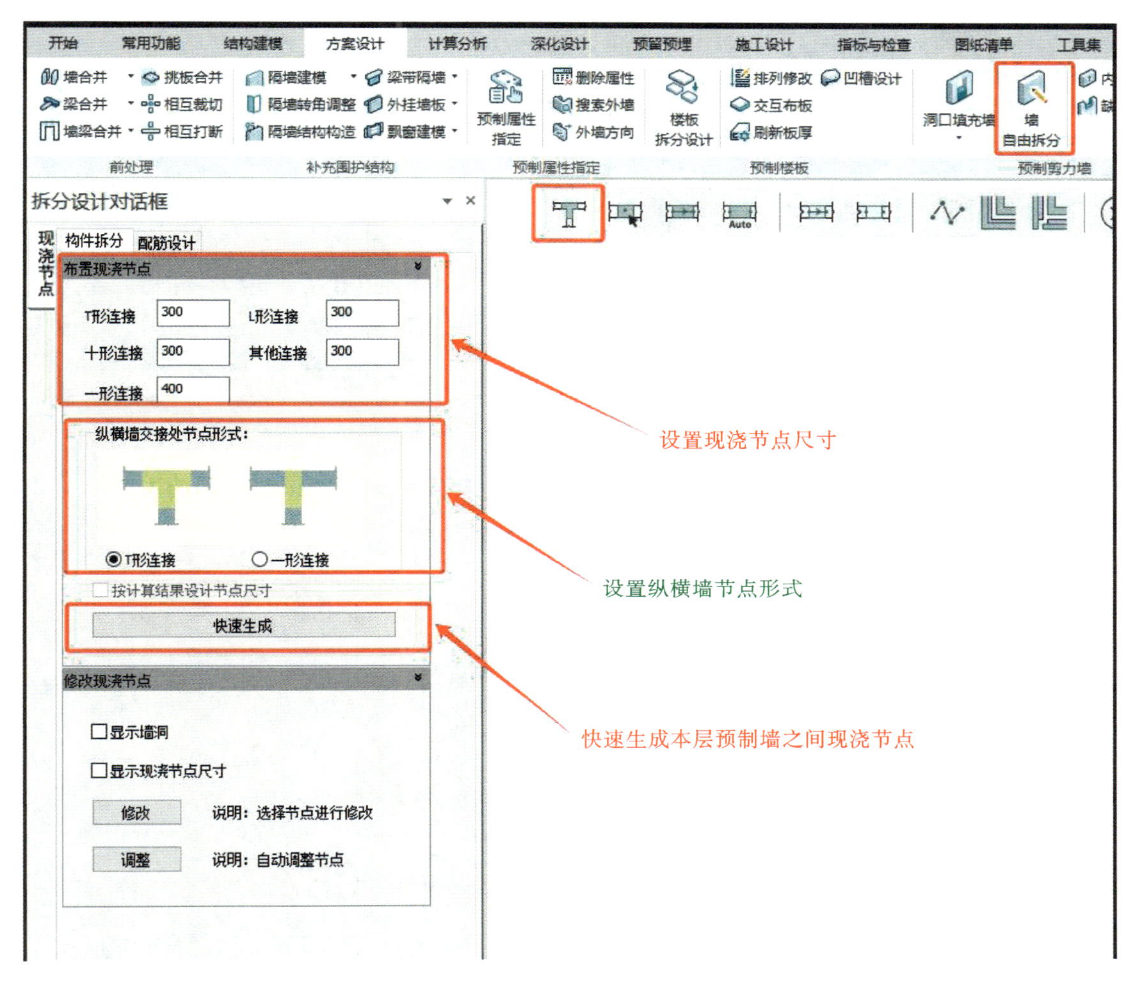

图 6.17　现浇节点参数设置

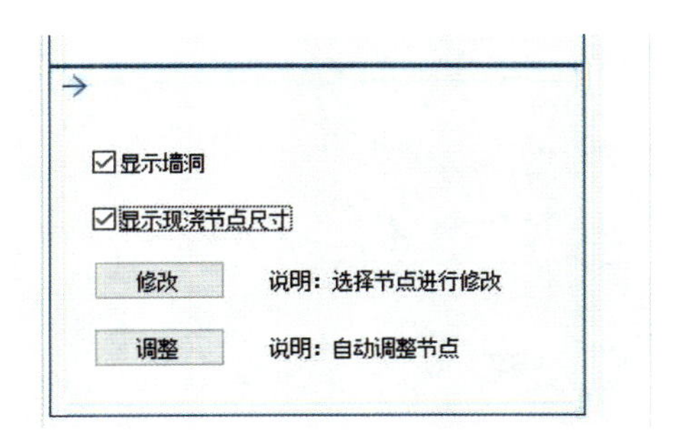

图 6.18　显示墙洞

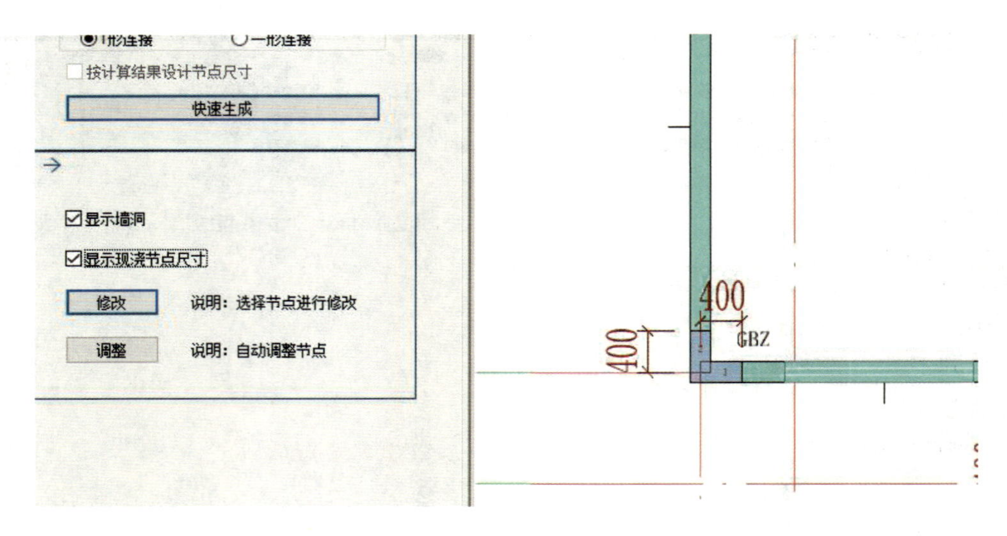

图 6.19　显示现浇节点尺寸

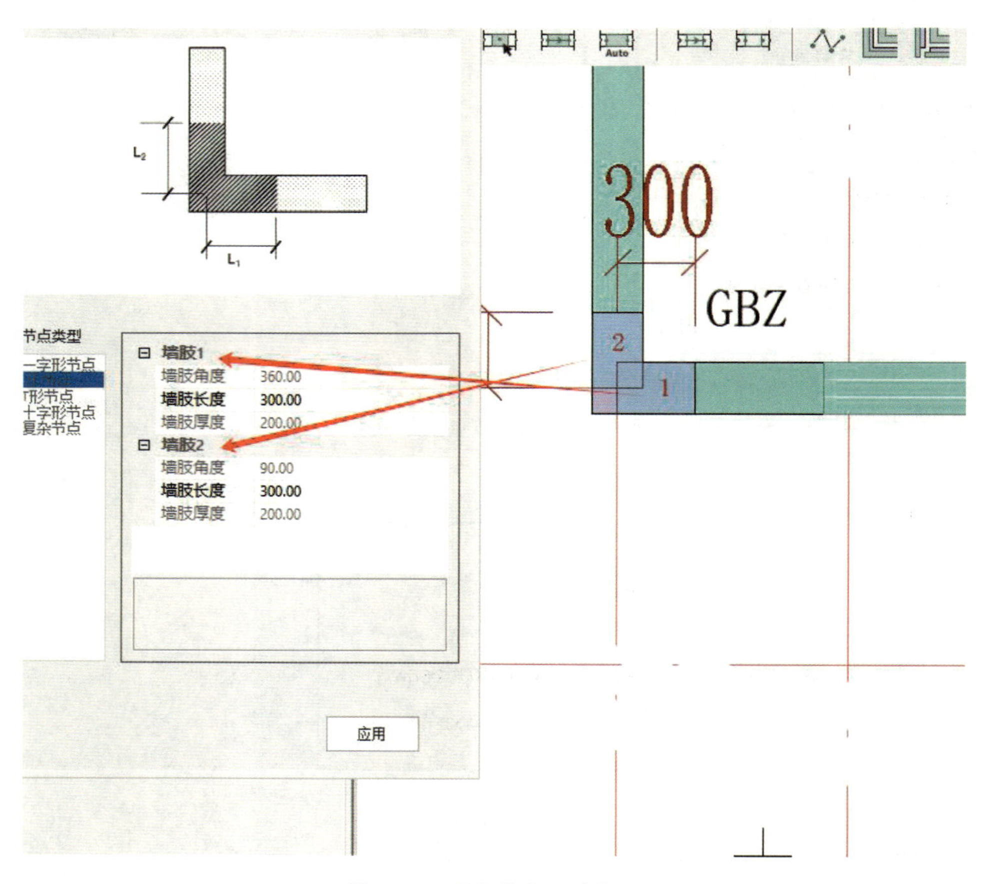

图 6.20　现浇节点尺寸修改

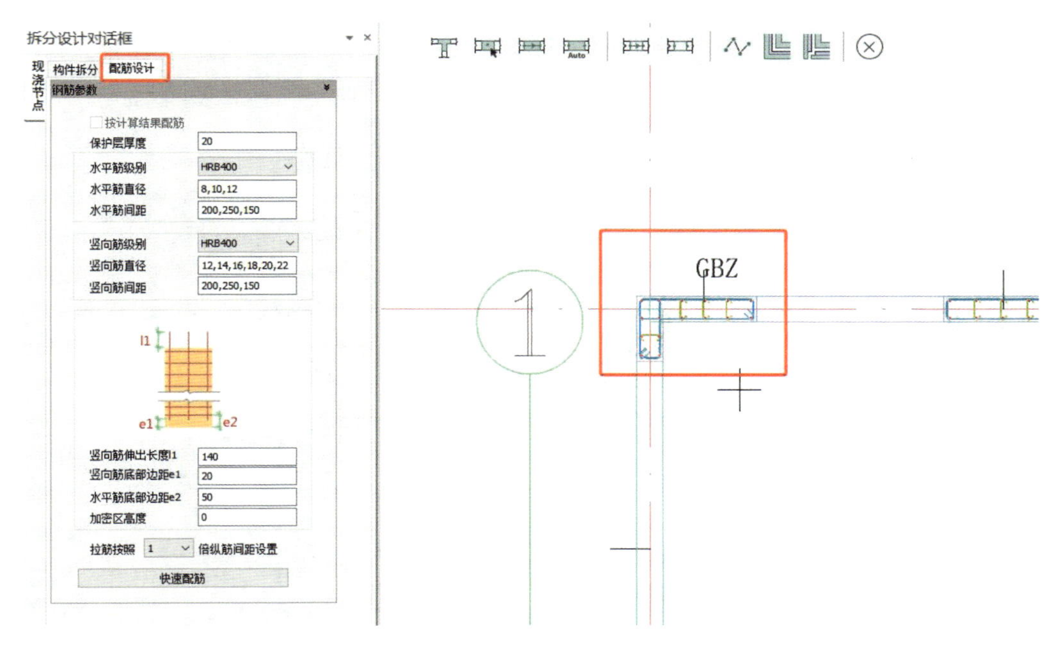

图 6.21　现浇节点配筋

3. 墙自由拆分

点击【墙自由拆分】按钮，弹出墙拆分相关的工具条，如图 6.22 所示。工具条上每个小图标代表一个操作命令，点击图标开始执行相应命令。

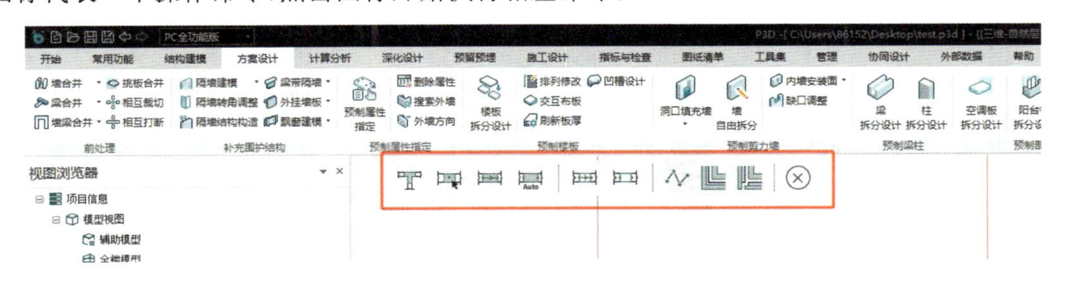

图 6.22　墙自由拆分工具条

注意：①现浇段暂不支持放置到洞口/连梁范围内；

②预制剪力墙可以覆盖完整的洞口/连梁，暂不支持预制剪力墙端部节点出现在洞口/连梁长度范围内。

(1)自动生成现浇段。点击图标，启动自动生成现浇段命令。该命令的具体操作方法与生成现浇节点功能一致。

(2)单点布置现浇段。点击图标，启动单点布置现浇段命令。左侧栏显示布置的现浇段长度，将鼠标移动到剪力墙上时弹出现浇段在墙上定位尺寸，在墙上合适位置点击鼠标放置现浇段，如图 6.23 所示。

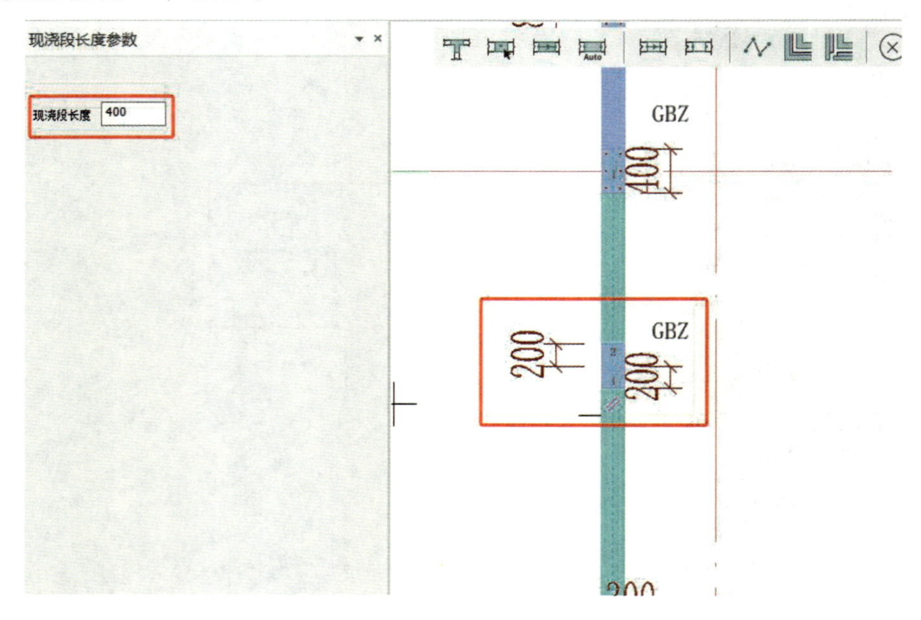

图 6.23　单点布置现浇段

（3）两点布置现浇段。点击图标，启动两点布置现浇段命令。将鼠标移动到剪力墙上时，显示鼠标所在位置标注，命令行提示“点击第一点”；在合适位置点击第一点后，命令行提示“点击第二点”，墙上临时标注第二点位置和即将形成的现浇段长度，在合适位置点击第二点后，生成现浇段，如图 6.24 所示。

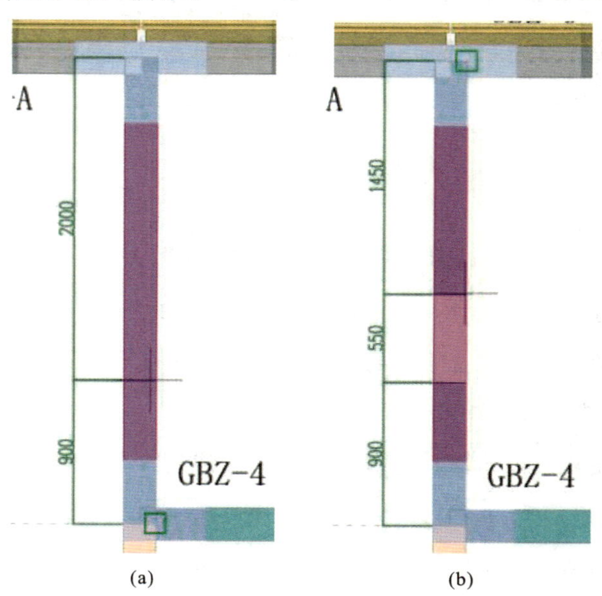

(a)　　(b)

图 6.24　两点布置现浇段

(4)预制墙间自动生成现浇段。点击图标，启动预制墙间自动生成现浇段命令。程序会搜索显示范围内位于同一片剪力墙上的预制墙，并在预制墙之间自动生成现浇段，如图6.25所示。

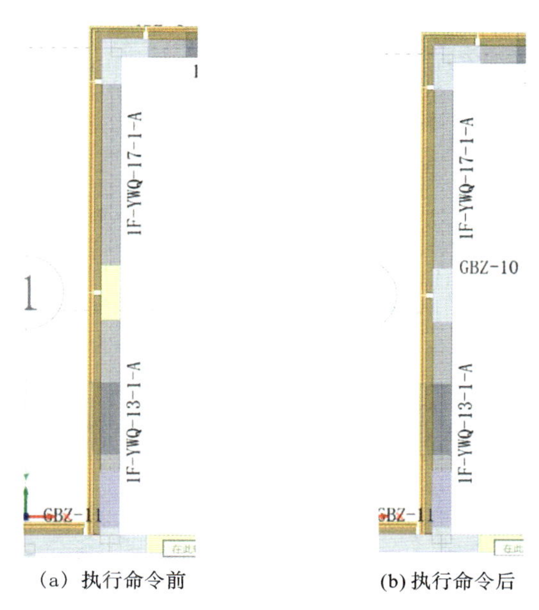

(a) 执行命令前　　(b) 执行命令后

图 6.25　预制墙间自动生成现浇段

(5)现浇段修改。选中墙体中用于连接多段预制剪力墙的一字形现浇段，弹出现浇段原位修改，各标注修改结果如图6.26所示。

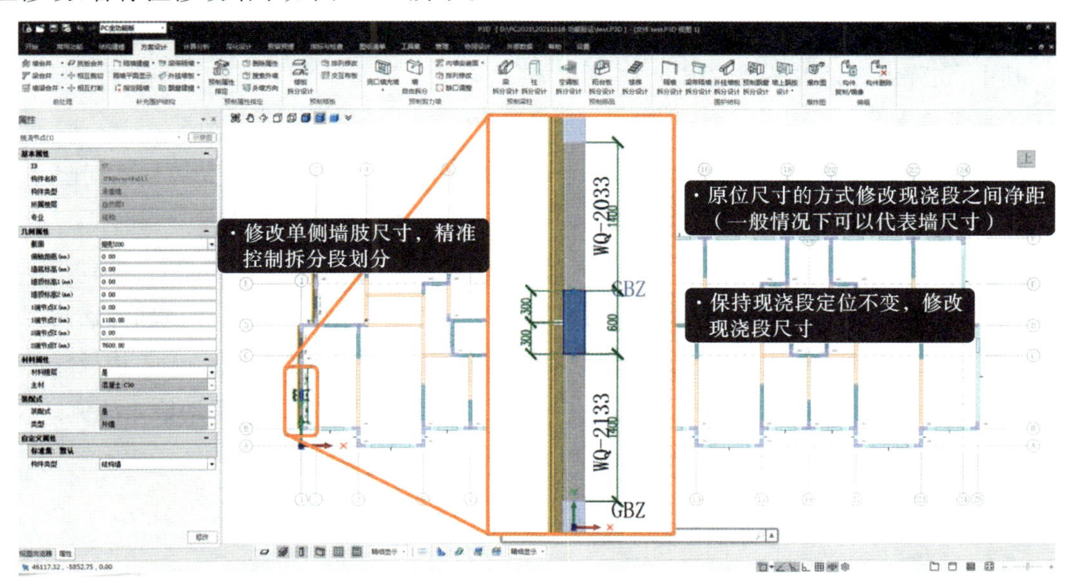

图 6.26　现浇段修改

(6)两点布置预制墙。点击图标，启动两点布置预制墙。左侧弹出预制墙设计参数，命令行提示“点击第一点”，鼠标放到指定了预制属性的剪力墙上时，出现第一点的临时定位标注；在合适位置点击第一点，命令行提示“点击第二点”，墙体范围内移动鼠标临时尺寸标注到第二点的距离和第二点的定位尺寸，在合适位置点击第二点，自动根据墙体的预制属性生成预制墙，如图 6.27 所示。

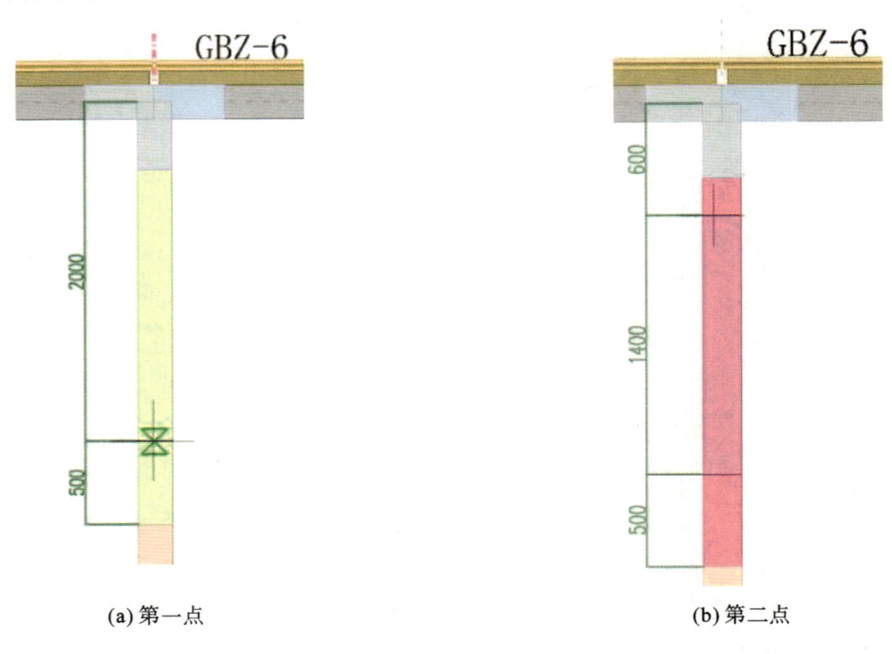

图 6.27 两点布置预制墙

其中，左弹窗对话框参数如图 6.28 所示。

①基本参数。

【外墙类型】：外墙类型包括【夹心保温】和【无保温】两个选项，两种类型墙样式如图 6.29 所示。当捕捉的墙体预制属性为预制内墙时，墙类型为【预制剪力墙】，不带保温。

【混凝土强度等级】：预制墙的混凝土强度等级可通过下拉框设置。

【接缝设置】：接缝设置可以选择【自适应板厚】，也可以手动输入预制墙顶现浇层高度及板底接缝高度。勾选【自适应板厚】时，预制墙顶部现浇高度取“板厚＋e1”，e1 为楼板底部与预制墙顶高差。不勾选【自适应板厚】时，预制墙顶部现浇层高度取用户手动输入的值。

②构造参数。构造参数设置如图 6.30 所示。

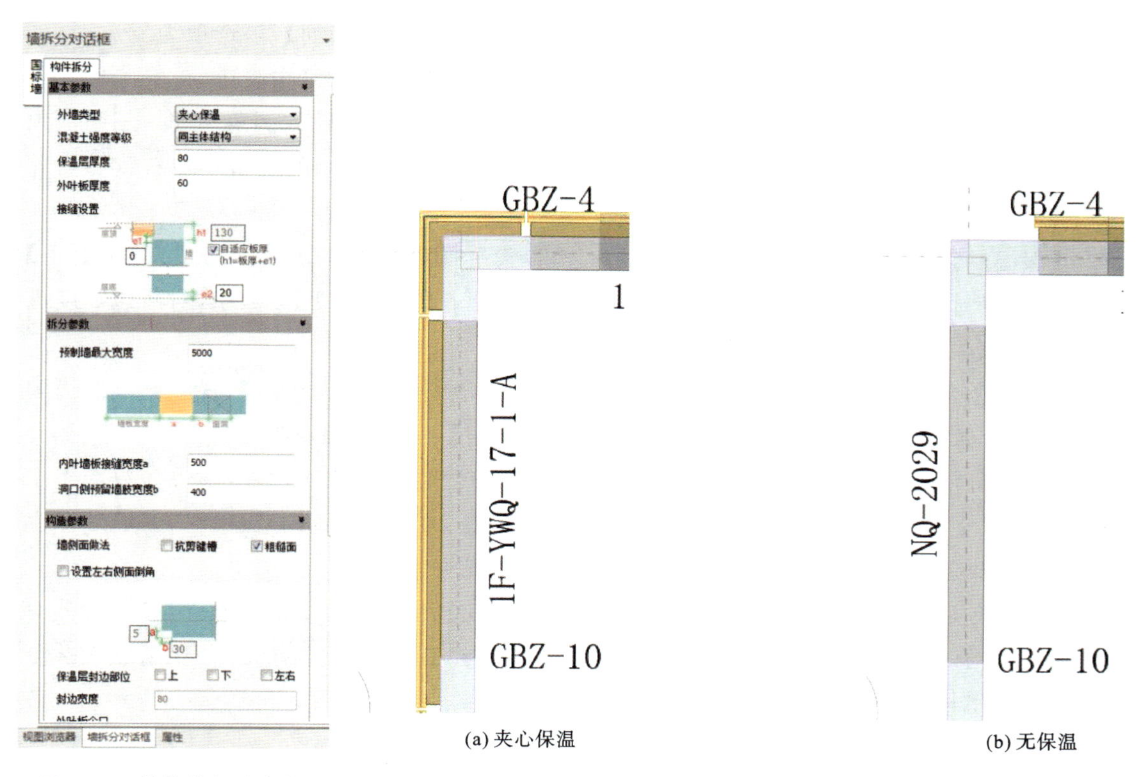

(a) 夹心保温　　(b) 无保温

图 6.28　墙构件拆分参数　　**图 6.29　外墙类型**

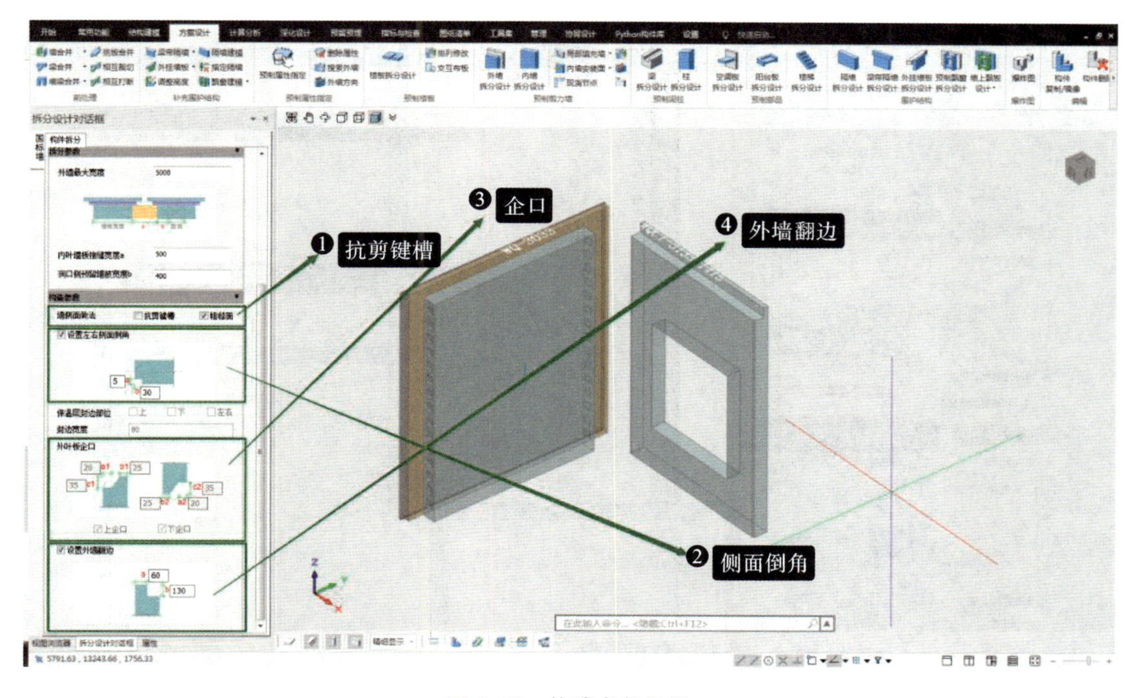

图 6.30　构造参数设置

【墙侧面做法】:可以选择的墙侧面做法有【抗剪键槽】与【粗糙面】,该选项为复选框,可以同时选择。其中粗糙面不会在模型中表现出来,仅能在属性和图纸中表达。

【设置左右侧面倒角】:当勾选【设置左右侧面倒角】时,可手动输入倒角尺寸。三明治预制外墙的左右侧倒角只能在内侧生成,无保温外墙和预制剪力内墙的倒角在左右侧和内外侧全部可以生成。

【保温层封边部位】:当选择【夹心保温】时可以设置保温层的封边,可以分别对【上】【下】【左右】进行封边设置。当勾选设置保温层封边时,可以在【封边宽度】参数中,对封边宽度进行设置。该参数仅对【夹心保温】外墙生效。

【外叶板企口】:可以对外叶板企口进行设置,可以分别勾选【上企口】和【下企口】,当勾选其中一个时,外叶板只设置勾选的企口。该参数仅对【夹心保温】外墙生效。

【设置外墙翻边】:当墙类型为【夹心保温】时,无论翻边参数如何设置,翻边参数均不生效。当墙类型为【无保温】且翻边设置为【左(上)侧设置】或【右(下)侧设置】时,在墙外侧生成翻边。当墙类型为【预制剪力内墙】时,按照翻边设置生成翻边。

(7)拆分形成预制墙。点击图标,启动【拆分形成预制墙】命令。左侧弹出【墙拆分对话框】,鼠标移动到指定了预制属性的墙上,会在现浇段之间按照一定的拆分规则形成拆分预览,点击鼠标形成预制墙。操作步骤如图 6.31 所示。

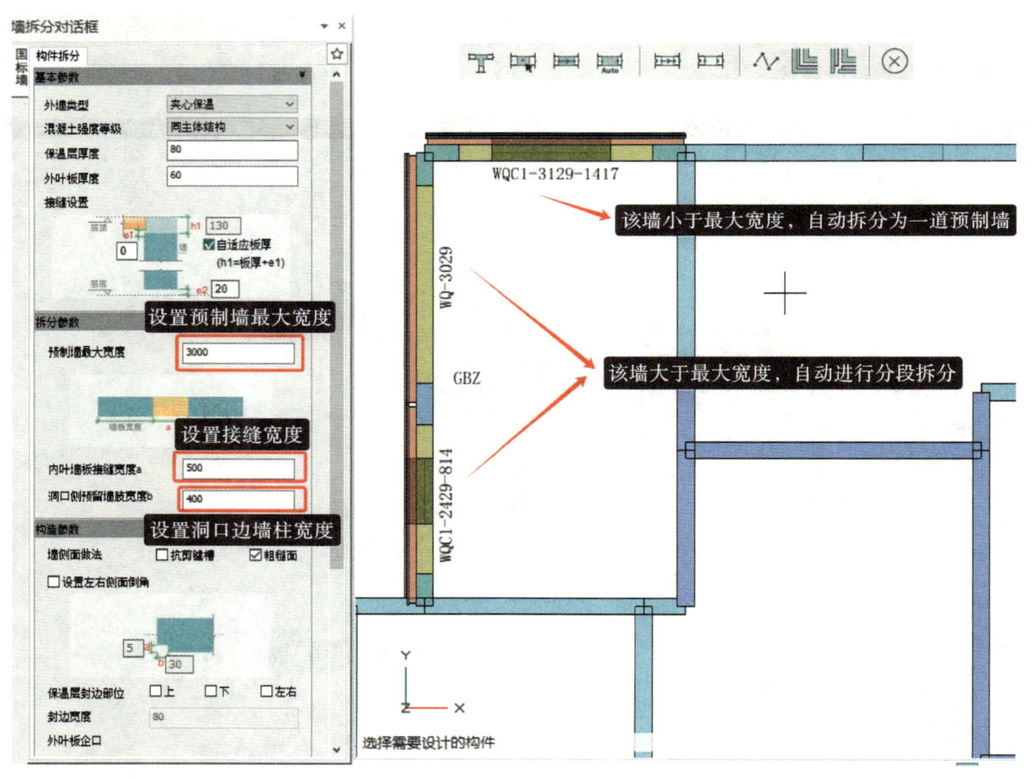

图 6.31 拆分形成预制墙

【外墙最大宽度】:可以手动输入【外墙最大宽度】,程序自动判断两个相邻现浇段之间的尺寸,当现浇段之间尺寸小于或等于【外墙最大宽度】时,自动拆分为一道预制剪力墙。当现浇段之间尺寸大于【外墙最大宽度】时,将墙拆分为多段,拆分逻辑参考【内叶墙板接缝宽度】【洞口侧预留墙肢宽度】部分。

【内叶墙板接缝宽度】【洞口侧预留墙肢宽度】:当相邻两个现浇节点之间的尺寸大于【外墙最大宽度】时,程序自动将该片墙拆分为多个,多个预制墙之间的现浇宽度取值为【内叶墙板接缝宽度】。当该墙存在洞口时,程序将自动在洞口边预留一段预制墙,墙的宽度取值为【洞口侧预留墙肢宽度】。

(8)连续绘制 PCF 墙。点击图标,激活连续绘制 PCF 墙命令,左侧弹出【连续绘制 PCF 墙】对话框,调好参数后,在操作窗口中平面内连续点击布置生成 PCF 墙。

【连续绘制 PCF 墙】对话框如 6.32 图所示。

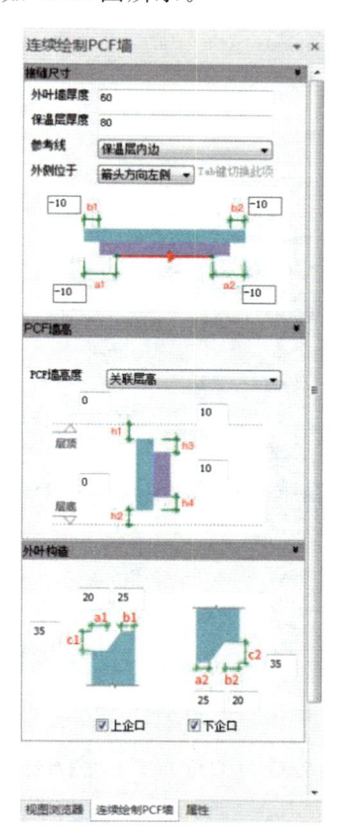

图 6.32　PCF 墙设置参数

①【接缝尺寸】参数。【参考线】提供【保温层内边】一个选项,表示生成的 PCF 墙总是【保温层内边】接近【参考线】。【参考线】是指鼠标绘制的路径,该路径存在方向属性。

②【PCF 墙高】参数。【PCF 墙高度】提供了【关联层高】选项。选择此参数时，通过 h1（PCF 墙外叶顶部偏移）和 h2（PCF 墙外叶底部偏移）控制外叶墙高，外叶墙高＝层高－h1－h2。保温层高度通过 h3（相对外叶顶部偏移）和 h4（相对外叶底部偏移）控制，保温层高度＝外叶墙高－h3－h4。

③【外叶构造】参数。【上企口】和【下企口】复选框控制外叶板上部和下部企口是否生成；【a1】【b1】【c1】【a2】【b2】【c2】控制企口细部参数。

（9）阳角 PCF 墙补充。

点击图标激活【阳角 PCF 补充】命令，左侧弹出对话框，调整参数，选择需要调整的阳角节点。【阳角 PCF 补充】对话框如图 6.33 所示。

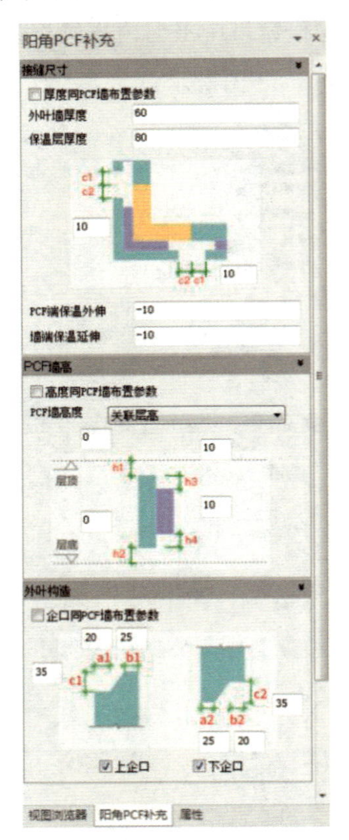

图 6.33 【阳角 PCF 补充】对话框

①【接缝尺寸】参数。勾选【厚度同 PCF 墙布置参数】复选框时，PCF 墙外叶墙和保温层厚度与【连续绘制 PCF 墙】参数相同，同时本页面上参数置灰，显示关联的参数值，且不可修改。不勾选【厚度同 PCF 墙控制参数】复选框时，可手动录入【外叶墙厚度】和【保温层厚度】。

外叶墙缩进输入框如图 6.34 所示，其中 c1 表示与所选现浇节点关联的外叶墙板相对现浇节点边缩进的距离，c2 表示补充的 PCF 墙外叶墙相对现浇节点边的缩进距离。

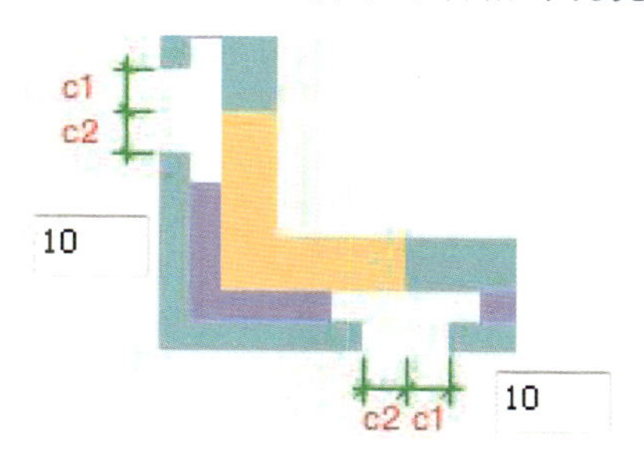

图 6.34　外叶墙缩进输入

②【PCF 墙高】参数。【PCF 墙高度】参数提供了【关联层高】选项。选择此项时，通过 h1(PCF 墙外叶顶部偏移)和 h2(PCF 墙外叶底部偏移)控制外叶墙高，外叶墙高＝层高－h1－h2；保温层高度通过 h3(相对外叶顶部偏移)和 h4(相对外叶底部偏移)控制，保温层高度＝外叶墙高－h3－h4。

③【外叶构造】参数。企口同 PCF 墙布置参数复选框，当勾选时，本命令补充的 PCF 墙企口参数与【连续绘制 PCF 墙】参数相同，同时本页面上参数置灰，显示关联的参数值，且不可修改。

企口参数【上企口】和【下企口】复选框控制外叶板上部和下部企口是否生成。【a1】【b1】【c1】【a2】【b2】【c2】控制企口细部参数。

(10)节点处外叶和保温调整。点击图标 激活【节点处外叶和保温调整】命令，左侧弹出节点处外叶和保温调整对话框，选择需要调整的阳角/阴角节点调整参数。

①阳角处理。阳角处理方式有【水平避让竖直】【竖直避让水平】【参考节点边】【不处理】4 种。

【水平避让竖直】：如图 6.35 所示，竖直墙外叶墙延伸到水平墙外叶墙外表面，通过控制水平墙外叶墙端部到竖直墙外叶墙内侧间距 f1、竖直墙保温到水平墙外叶墙内表面的间距 f2 及水平墙保温端部到竖直墙保温内侧间距 f3 生成阳角节点。

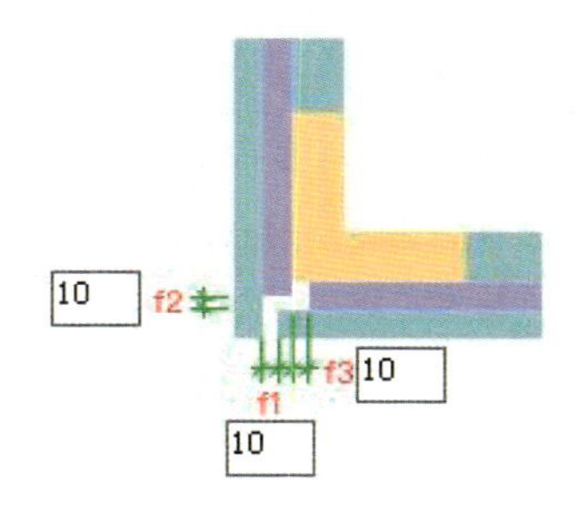

图 6.35　阳角水平避让竖直方式

【竖直避让水平】:如图 6.36 所示,水平墙外叶墙延伸到竖直墙外叶墙外表面,通过控制竖直墙外叶墙端部到水平墙外叶墙内侧间距 f1、水平墙保温到竖直墙外叶墙内表面的间距 f2 及竖直墙保温端部到水平墙保温内侧间距 f3 生成阳角节点。

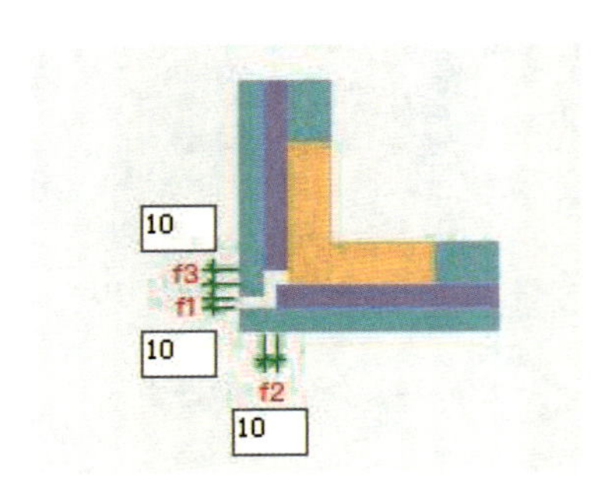

图 6.36　阳角竖直避让水平方式

【参考节点边】:如图 6.37 所示,通过控制竖直墙外叶墙和保温端部到阳角水平边的距离 w1、b1 及水平墙外叶墙和保温层端部到阳角竖直边距离 w2、b2,调整与阳角相关联的预制剪力墙。

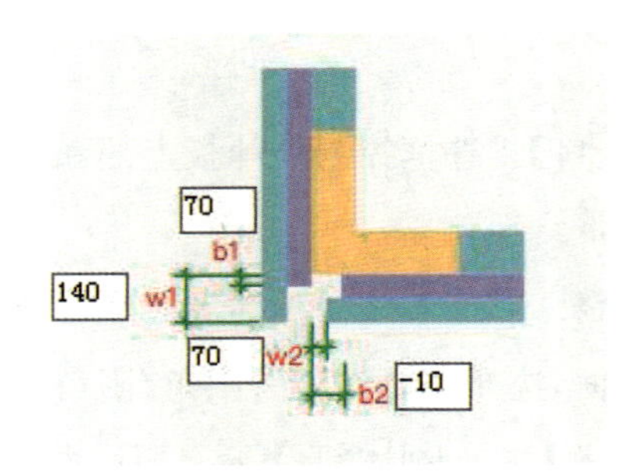

图 6.37　阳角参考节点边参数设置

②阴角处理。阴角节点处理方式有【水平避让竖直】【竖直避让水平】【参考节点边】【不处理】4 种。

【水平避让竖直】:如图 6.38 所示,通过控制水平墙外叶墙端部到竖直墙外叶墙外表面距离 f1、竖直墙外叶墙延伸到水平墙保温层外表面距离 f2、水平墙保温层端部到竖直墙保温层外侧间距 f3、竖直墙保温到水平墙内叶墙外表面间距 f4 调整阴角节点处尺寸。

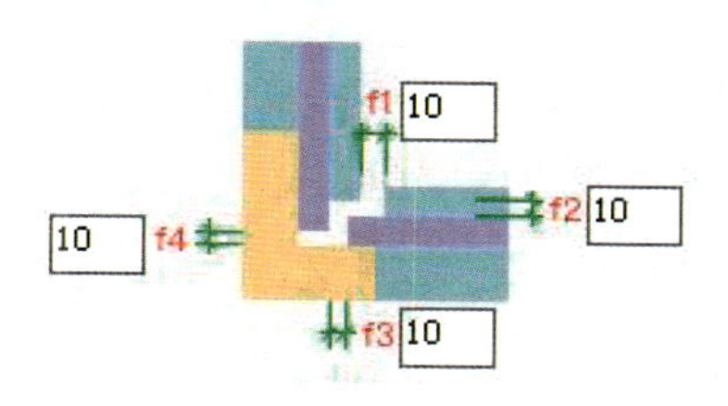

图 6.38　阴角水平避让竖直方式

【竖直避让水平】:如图 6.39 所示,通过控制竖直墙外叶墙端部到水平墙外叶墙外表面距离 f1、水平墙外叶墙延伸到竖直墙保温层外表面距离 f2、竖直墙保温层端部到水平墙保温层外侧间距 f3、水平墙保温到竖直墙内叶墙外表面间距 f4 调整阴角节点处尺寸。

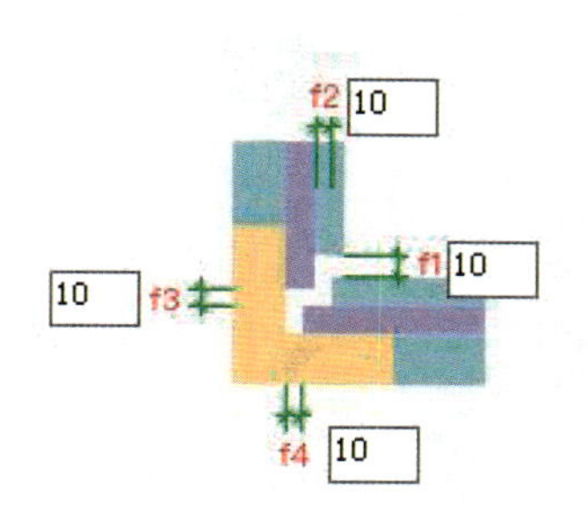

图 6.39　阴角竖直避让水平方式

【参考节点边】:如图 6.40 所示,通过控制竖直墙外叶墙和保温端部到阳角水平边的距离 w1、b1 及水平墙外叶墙和保温层端部到阳角竖直边距离 w2、b2,调整与阳角相关联的预制剪力墙。

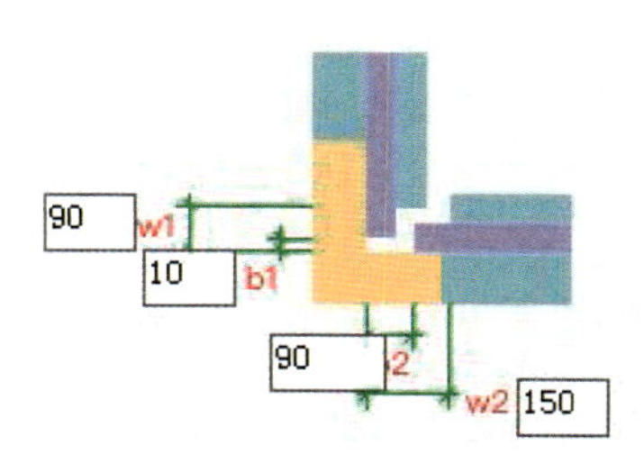

图 6.40　阴角水平避让竖直方式

4. 内墙安装面

1)内墙安装面调整

对于内墙,现场施工时存在正反安装面,软件中也可进行正反面调整。点击【内墙安装面】,模型中即显示出已拆分完成的剪力内墙的内墙安装面,以绿色三角形表示。如图 6.41 所示,点击需要调整安装面方向的内墙,完成调整,点击右键或【ESC】键可退出修改安装面状态。同时,在墙平面布置图及构件详图中可进行对应查看。

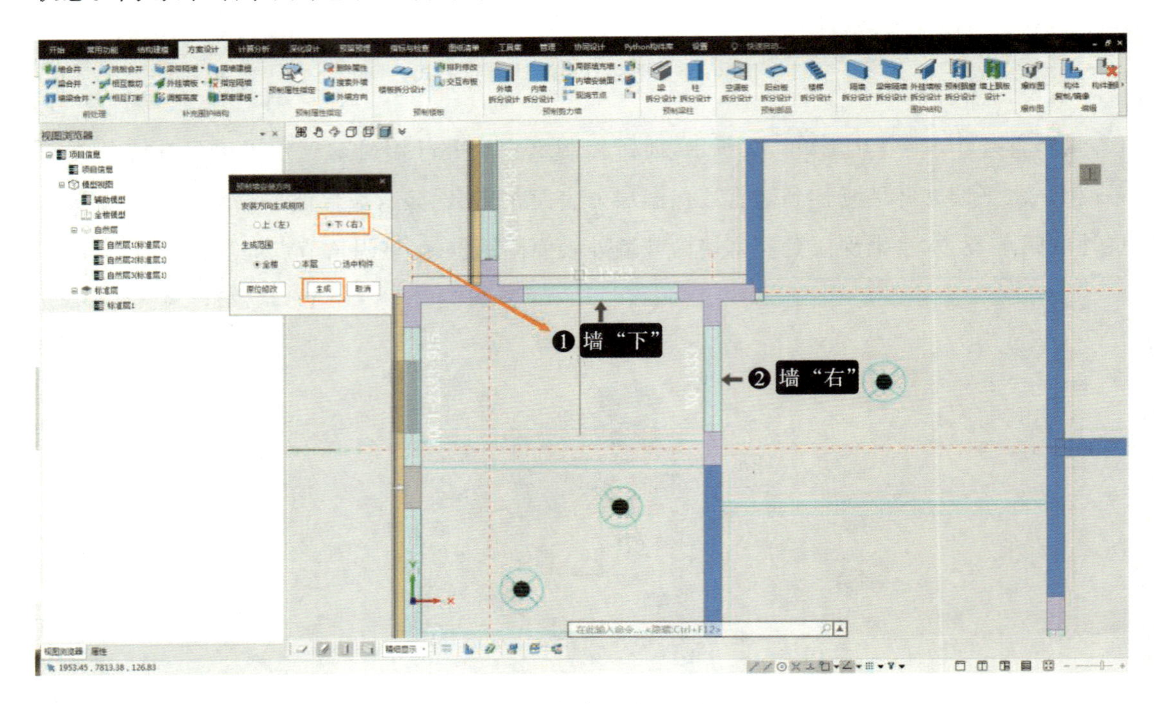

图 6.41　内墙安装面调整

2)原位修改内墙安装面

点击【原位修改】,安装面变为可修改状态(颜色变为绿色),每次单击安装面即可修改单个墙的安装面,如图 6.42 所示。

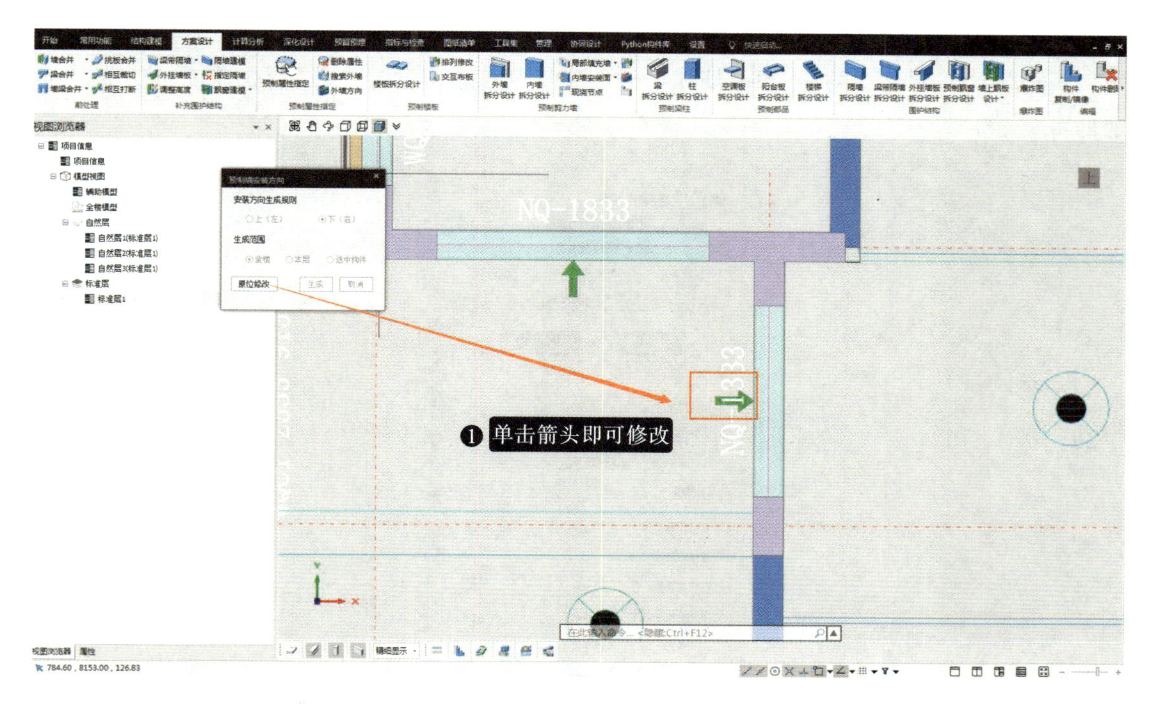

图 6.42　原位修改内墙安装面

工作环节三：预制剪力墙的配筋设计

引导问题 8：完成工作任务中给定工程的预制剪力墙的配筋设计。

小提示：预制剪力墙配筋设计包括连接纵筋定位、套筒形式、竖向筋排布、水平伸出长度设置、水平筋加密设置等。

相关知识点

知识点 9：PKPM－PC 软件中预制剪力墙的配筋设计

1. 配筋前处理

1）暗柱布置

预制墙完成拆分设计后，即可使用【暗柱布置】功能对已经拆分的墙体进行暗柱配筋位置的设置和调整。

点击【暗柱布置】，弹出暗柱布置对话框，如图 6.43 所示。同时，模型进行显示调整，隐藏楼板构件。需要注意的是，预制墙体已经按照规范自动布置暗柱位置，仅需要进行部分调整即可。

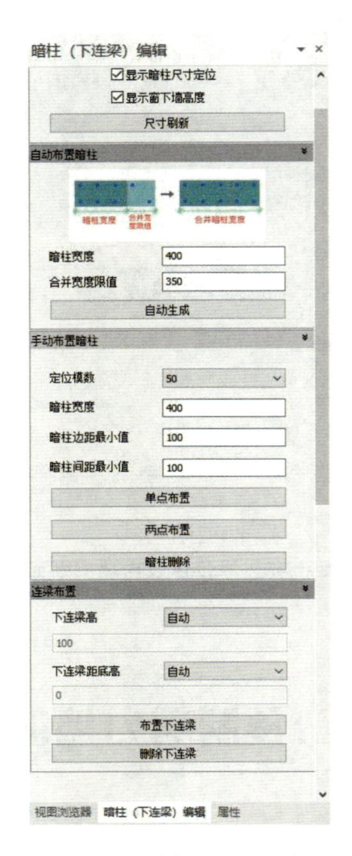

图 6.43　暗柱布置对话框

【自动布置暗柱】：输入【暗柱宽度】和【合并宽度限值】，程序将根据输入的值来确定洞口边暗墙区域的位置和尺寸。以 1000 mm 长的洞口边墙为例，当【暗柱宽度】设置为 400，【合并宽度限值】设置为 350 时，400＋350＜1000，此时会在洞口边 400 范围内设置暗柱，剩余 600 范围内按照墙身进行配筋。当将【合并宽度限值】增加到 650 时，400＋650＞1000，则 1000 的范围内均设置为暗柱。

点击【自动生成】按钮，选择预制墙体，自动布置暗柱区域。可以选择【无】【10】【50】【100】4 种不同的【定位模数】(影响暗柱布置时的移动)

【手动布置暗柱】：手动布置中【单点布置】暗柱时，暗柱的尺寸依输入值。【暗柱边距最小值】：当暗柱距离预制墙边或洞口边小于设置的值时，暗柱自动延伸至边界位置。【暗柱间距最小值】:当暗柱之间的距离小于设置的值时,相邻的两个暗柱将会合并在一起。

2)连梁布置

当【下连梁高】和【下连梁距底高】设置为【自动】时,点击【布置下连梁】,选择【窗下墙】,可将窗下墙自动转为下连梁,如图 6.44 所示。亦可自定义【下连梁高】和【下连梁距底高】

注意:当【下连梁高】设置为【自动】时,下连梁自动顶对齐;当【下连梁距底高】设置为【自动】时,下连梁自动底对齐。

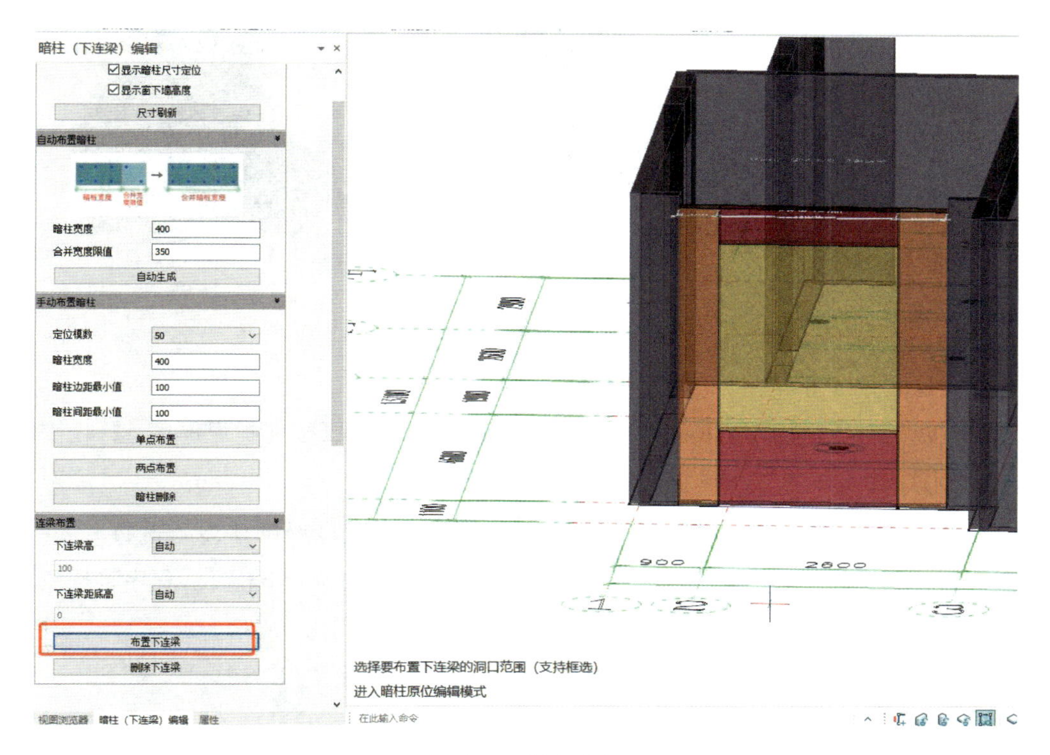

图 6.44　连梁布置

2. 墙配筋处理

预制墙前处理后,即可使用【墙配筋设计】设计其内部的三维钢筋。

点击【墙配筋设计】,弹出【墙配筋设计对话框】,如图 6.45 所示。设置参数后,框选拆分过的预制构件进行构件的配筋。

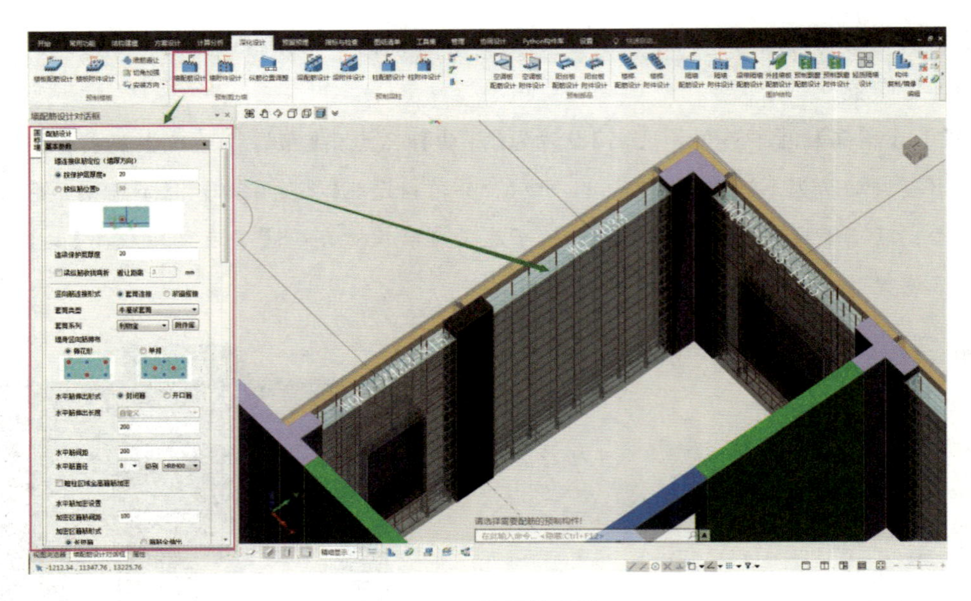

图 6.45 墙配筋设计

1)墙钢筋定位参数

【墙连接纵筋定位(墙厚方向)】:墙连接纵筋定位方式提供【按保护层厚度 a】和【按纵筋位置 b】2 种方式。

手动输入【按保护层厚度 a】定位,程序将按照输入的保护层厚度计算墙纵筋定位,保护层从套筒最外侧钢筋算起,如图 6.46 所示。手动输入【按纵筋位置 b】定位,程序将按照输入的值确定墙纵筋定位,纵筋定位由纵筋中心到混凝土边,如图 6.47 所示。

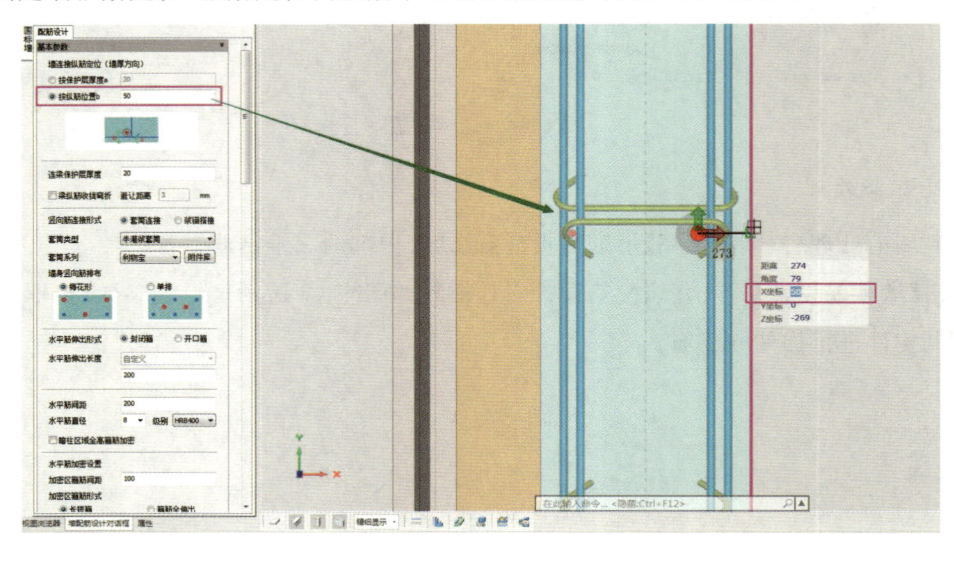

图 6.46 【按保护层厚度 a】定位

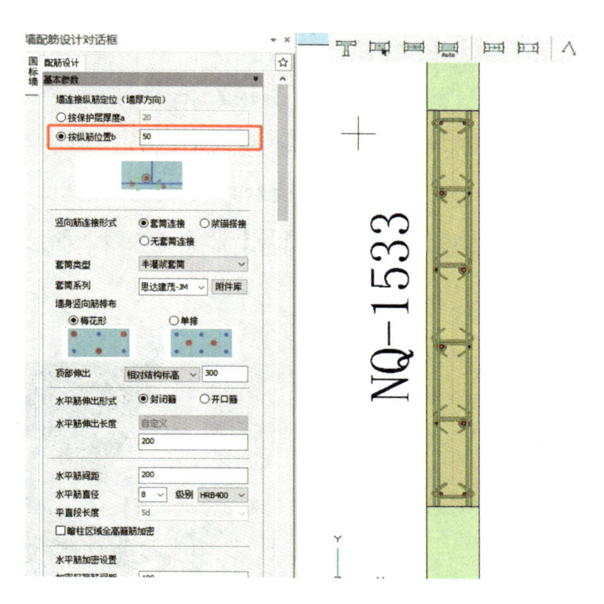

图 6.47　【按纵筋位置 b】定位

【连梁保护层厚度】：修改该参数可以控制连梁纵筋的位置，保护层从连梁纵筋边算起。

【梁纵筋收拢弯折】：如图 6.48 所示，当勾选【梁纵筋收拢弯折】后，墙梁纵筋会弯折并深入暗柱纵筋内侧，弯折距离由【避让距离】参数控制。【避让距离】为墙梁弯折后钢筋与墙纵筋之间的净距离。

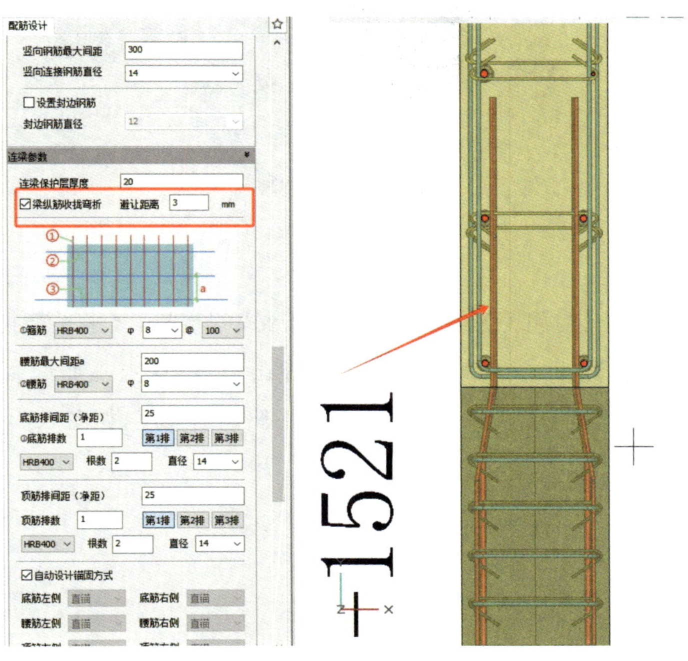

图 6.48　梁纵筋收拢弯折

2)竖向筋连接方式

【竖向筋连接形式】有【套筒连接】与【浆锚搭接】2 种形式的连接。当选择【套筒连接】时,可以选择【全灌浆套筒】与【半灌浆套筒】2 种形式的连接。【墙身竖向筋排布】有【梅花形】与【单排】2 种形式的连接。当选择【浆锚搭接】时,可以选择【约束锚固】与【非约束锚固】2 种形式的连接,连接端可以选择【单侧连接】与【双侧连接】2 种形式的连接,如图 6.49 所示。

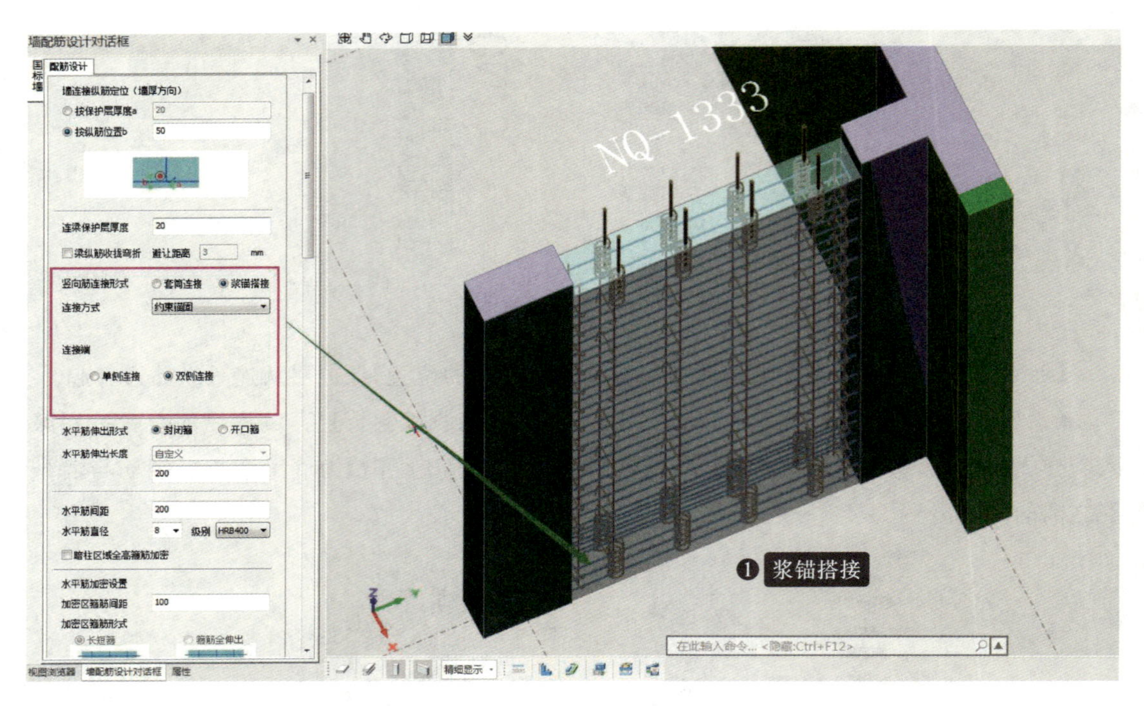

图 6.49　浆锚搭接

3)水平筋参数

【水平筋伸出形式】有【封闭箍】与【开口箍】2 种形式的连接。【水平筋伸出长度】可以选择【自定义】与【自动计算】2 种方式来输入水平筋伸出长度。【水平筋间距】【水平筋直径】【级别】可以输入水平筋间距、水平筋直径和选择水平筋钢筋强度,如图 6.50 所示。

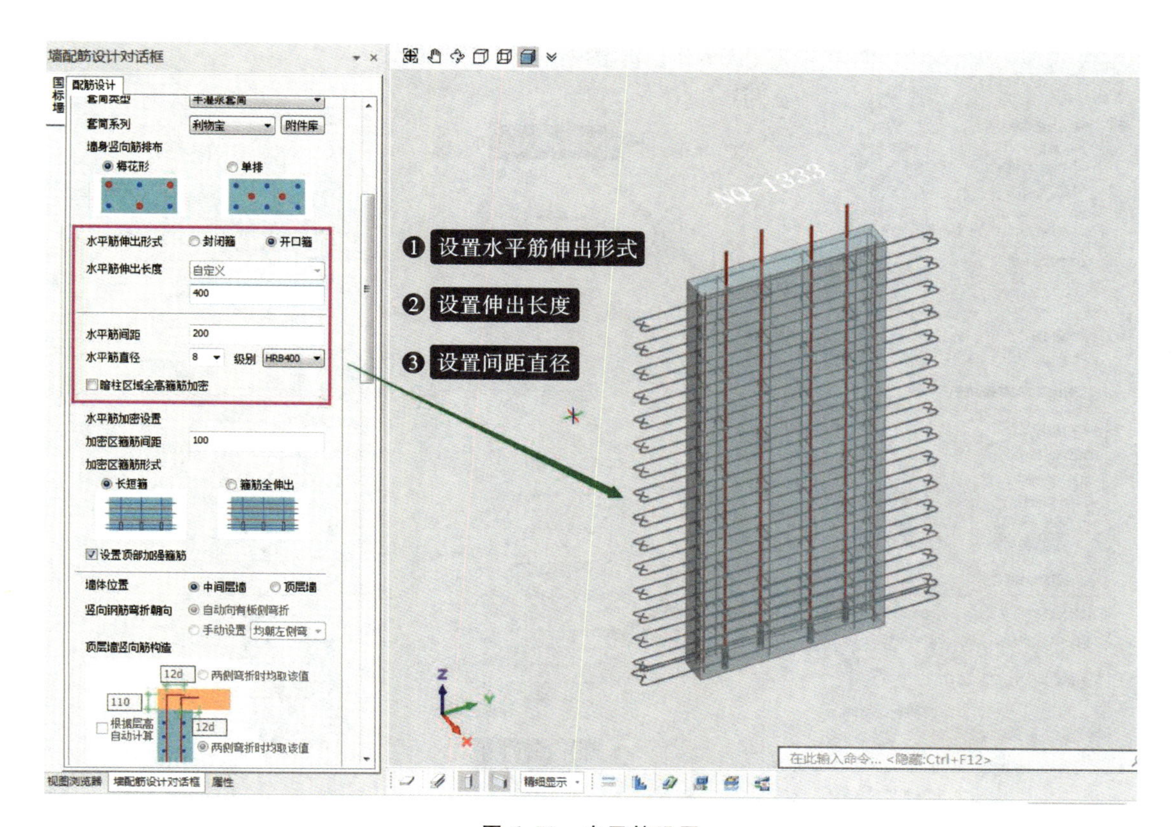

图 6.50　水平筋设置

4)水平筋加密设置

当勾选【暗柱区域全高箍筋加密】时，可以对暗柱区域的箍筋进行全高加密设置。【加密区箍筋间距】可以对箍筋加密区间距进行设置。【加密区箍筋形式】可以选择【长短箍】与【箍筋全伸出】2 种形式。当勾选【设置顶部加强箍筋】时，软件对预制墙顶部进行加强箍筋的设置，如图 6.51 所示。

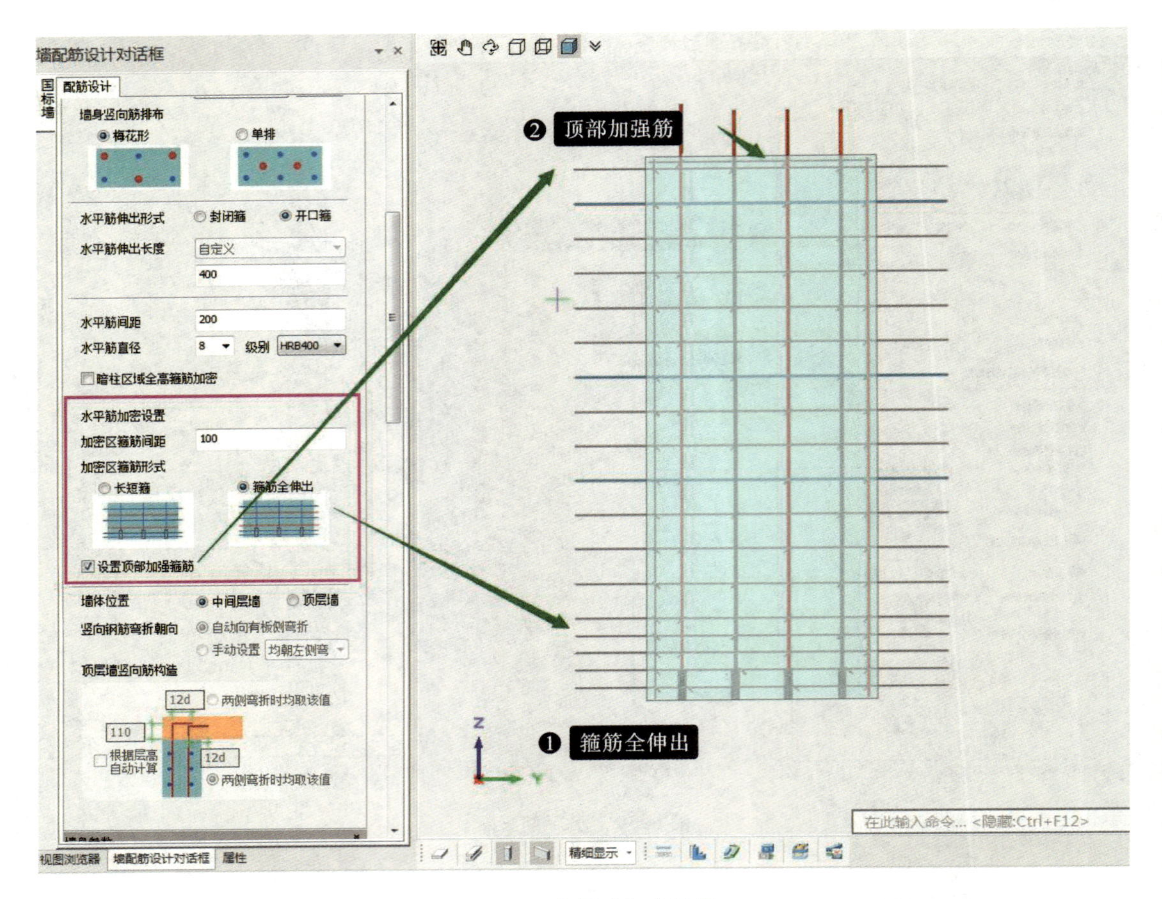

图 6.51　水平筋加密设置

5)墙体位置设置

墙体位置设置如图 6.52 所示。

【墙体位置】有【中间层墙】和【顶层墙】2 种类型。当选择【顶层墙】时，竖向钢筋弯折参数生效。【竖向钢筋弯折朝向】可以选择【自动向有板侧弯折】与【手动设置】2 种形式；当选择【自动向有板侧弯折】时，墙竖向钢筋将弯折向楼板所在方向；当选择【手动设置】时，可以选择【均朝左侧弯折】【均朝右侧弯折】【两侧弯折】3 种弯折形式。【顶层墙竖向筋构造】中可设置钢筋伸出高度，有手动输入和【根据层高自动计算】2 种方式输入，可以对内外钢筋分别进行钢筋弯折长度设置。

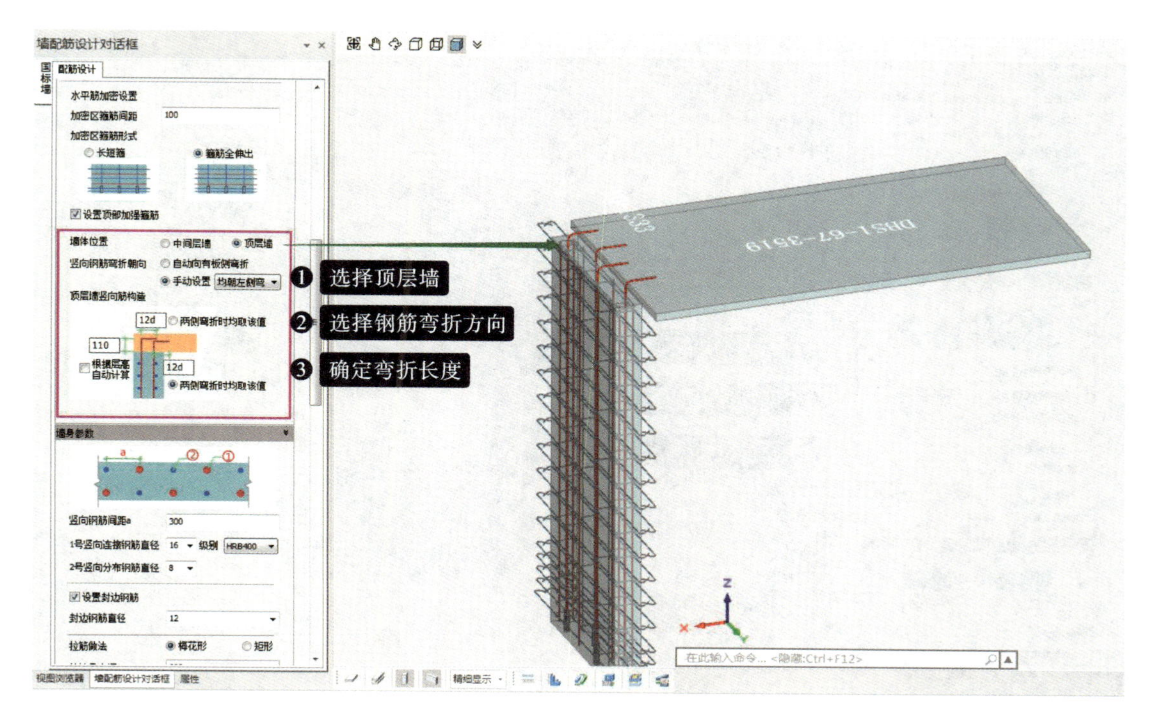

图 6.52　墙体位置设置

6)墙身参数设置

墙身参数设置如图 6.53 所示。

【竖向钢筋间距 a】:可以输入竖向钢筋的间距值。【1 号竖向连接钢筋直径】【级别】【2 号竖向分布筋直径】可以输入 1 号竖向连接钢筋直径、钢筋强度和 2 号竖向分布筋直径。

【设置封边钢筋】:当勾选此项时,可以设置【封边钢筋直径】,程序会对预制墙板的墙身部分增加封边钢筋。

【拉筋做法】:可以选择【梅花形】和【矩形】2 种做法,当选择【矩形】时,可以设置【拉筋最大间距】。

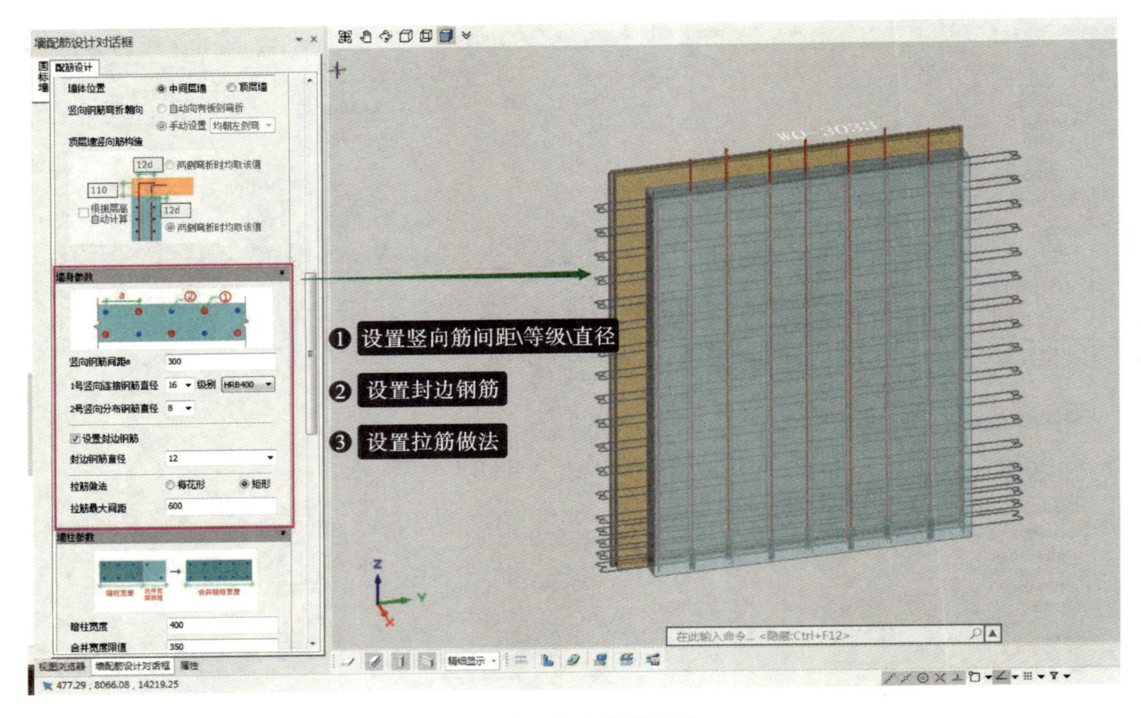

图 6.53　墙身参数设置

7)墙柱参数设置

墙柱参数设置如图 6.54 所示。

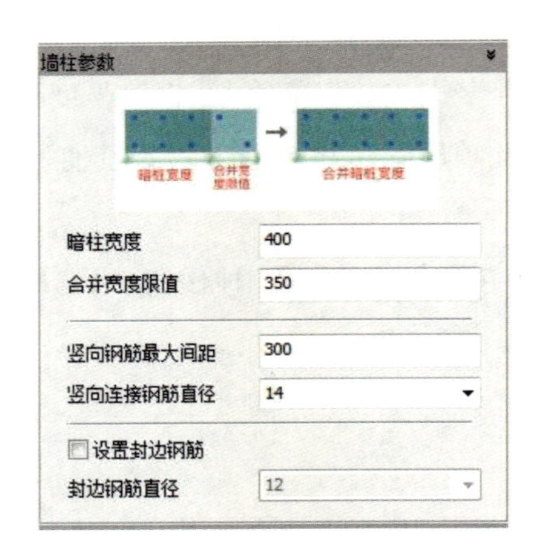

图 6.54　墙柱参数设置

【暗柱宽度】【合并宽度限值】:可以输入【暗柱宽度】和【合并宽度限值】,程序将根据输入的值来确定洞口边暗柱区域的纵筋配筋形式。以 1000 mm 长的洞口边墙为例,当【暗柱宽度】设置为 400,【合并宽度限值】设置为 350 时,400＋350＜1000,此时会在 400 范围内按照暗柱配筋,剩余 600 范围内按照墙身进行配筋。当将【合并宽度限值】增加到 650 时,400＋650＞1000,则 1000 范围内均会按照暗柱进行配筋。

8)连梁参数设置

连梁参数设置如图 6.55 所示。

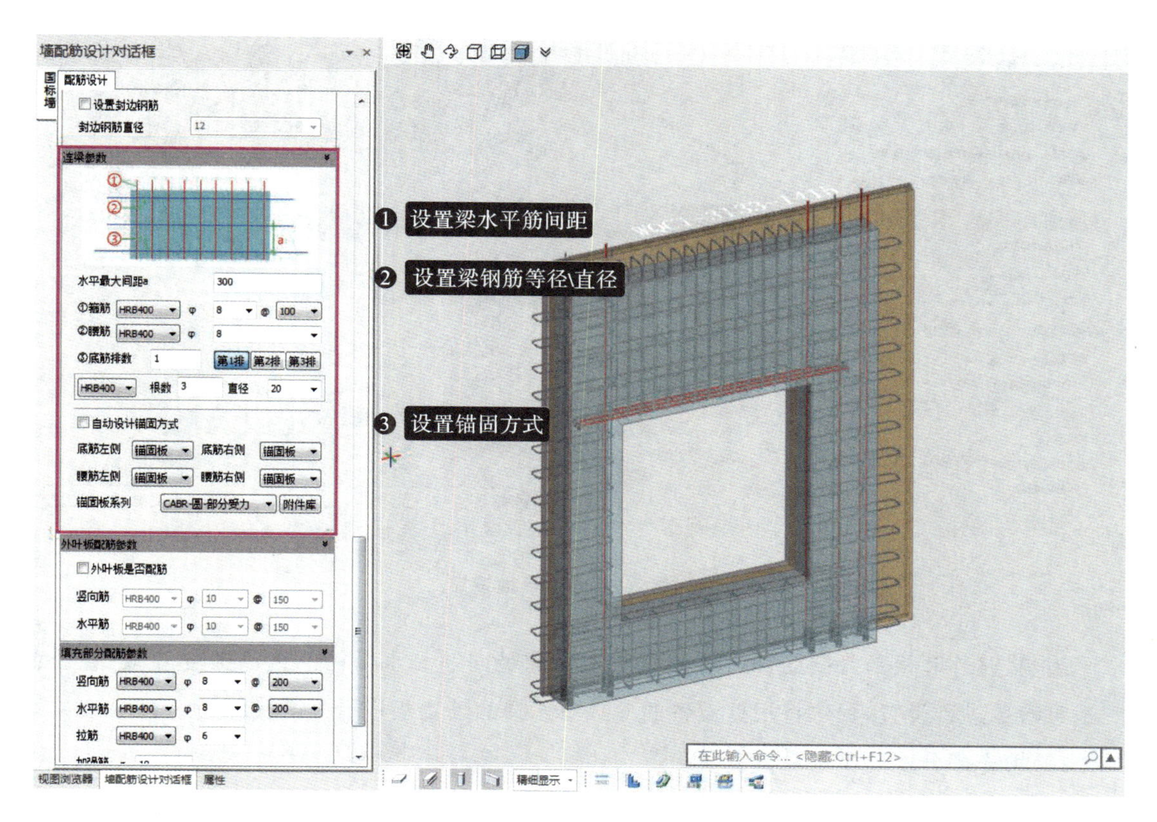

图 6.55　连梁参数设置

【底筋排数】:可以输入底筋排数,当输入值为 1 时,点击右侧【第 1 排】按钮,可以在下侧输入第一排底筋的钢筋强度等级、【根数】和【直径】。同理,当输入值为 2 时,可以对“第一排”“第二排”分别进行编辑。

【顶筋】:可以输入顶筋排数,当输入值为 1 时,点击右侧【第一排】按钮,可以在下侧输入第一排底筋的钢筋强度等级、根数和直径。同理当输入值为 2 时,可以对“第一排”与“第二排”进行编辑。

9)外叶板配筋参数

外叶板配筋参数设置如图 6.56 所示。

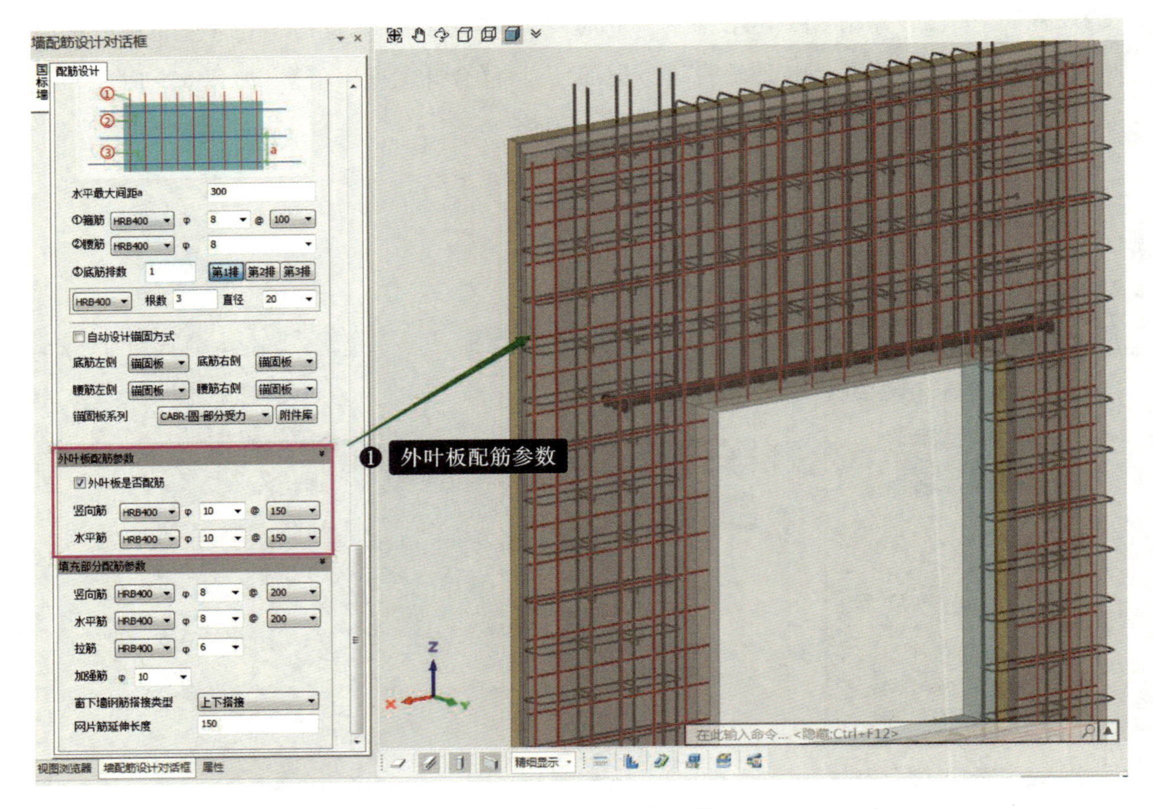

图 6.56 外叶板参数设置

当勾选【外叶板是否配筋】时，可以对外叶板的竖向筋和水平筋的钢筋强度等级、直径、间距等参数进行设置，程序将根据设置的参数对选择的外墙板进行外叶板配筋。

10）填充部分配筋参数设置

填充部分配筋参数设置如图 6.57 所示。

【竖向筋】【水平筋】可以设置填充部分墙体的竖向筋、水平筋配筋参数，包括钢筋强度等级、直径和间距。【拉筋】可以设置填充部分墙体的拉筋配筋参数，包括钢筋强度等级、直径。【加强筋】可以设置填充部分墙体的加强筋直径。

【窗下墙钢筋搭接类型】可以设置窗下墙钢筋搭接类型，包括【上下搭接】和【左右搭接】2 种。

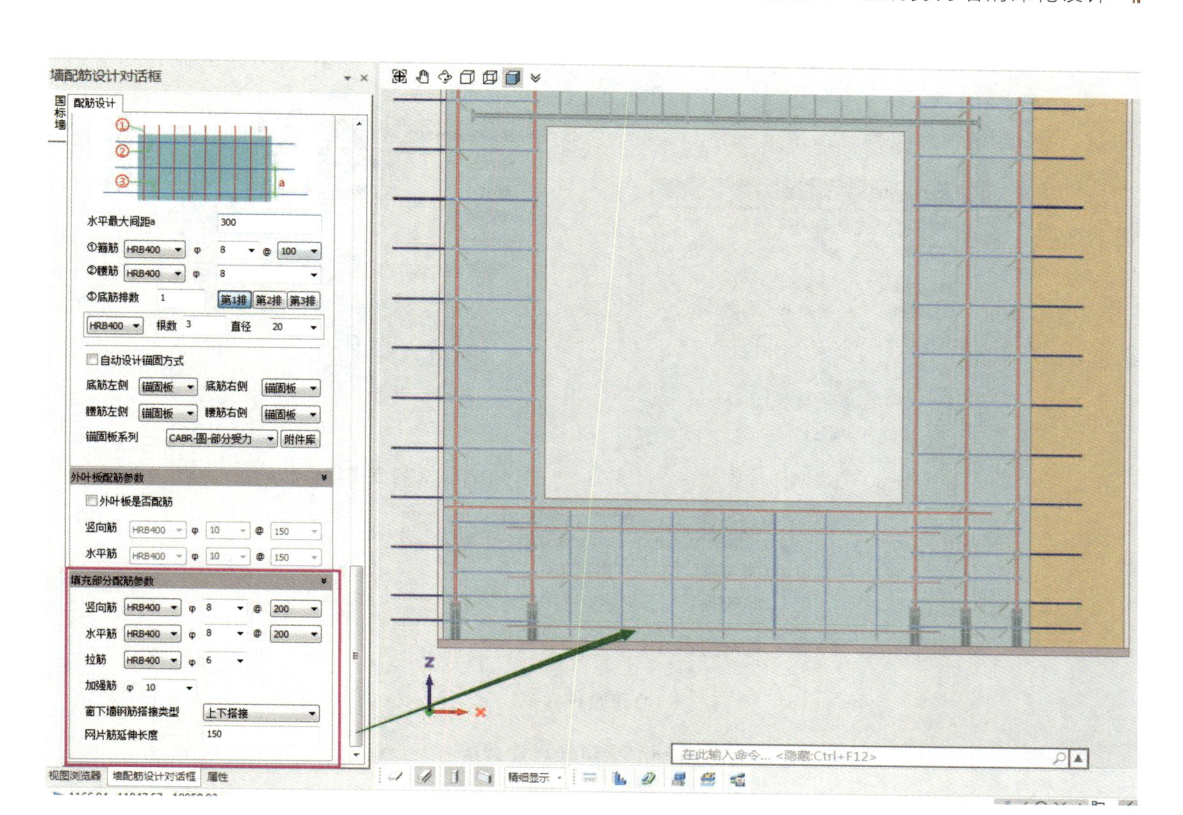

图 6.57　填充部分配筋参数设置

工作环节四：预制剪力墙附件设计

引导问题 9：完成工作任务中给定工程的预制剪力墙附件设计。

小提示：预制剪力墙附件包括吊装埋件、脱模/斜支撑埋件和拉模埋件。

相关知识点

知识点 10：PKPM－PC 软件中预制剪力墙的附件设计

完成预制构件配筋后，可框选或单选预制墙进行埋件设计，包含吊装埋件、脱模/斜支撑埋件及拉埋模件，如图 6.58 所示。可通过勾选/取消勾选参数栏前的方框，控制在附件设计时是否设计该类附件。

若不勾选该类附件，则相关参数置灰且折叠，进行预制构件附件设计后，该类附件状态不改变。若勾选该类附件，则可以单独重新设计该功能附件，且影响其他功能的附件。

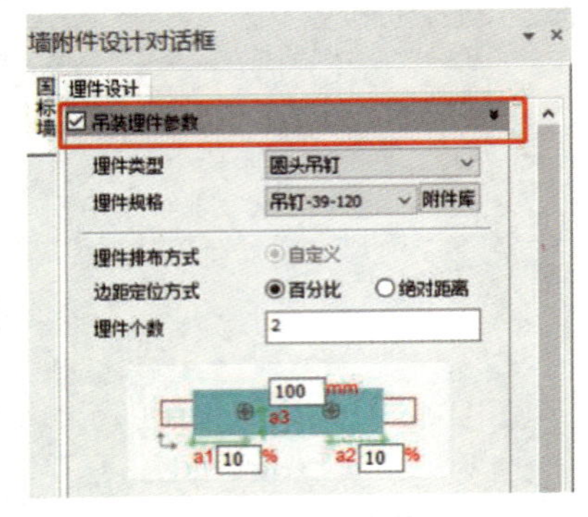

(a) 吊装埋件参数

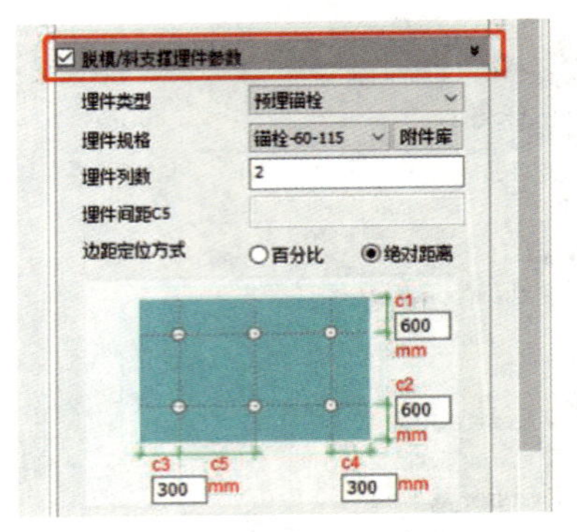

(b) 脱模/斜支撑埋件参数

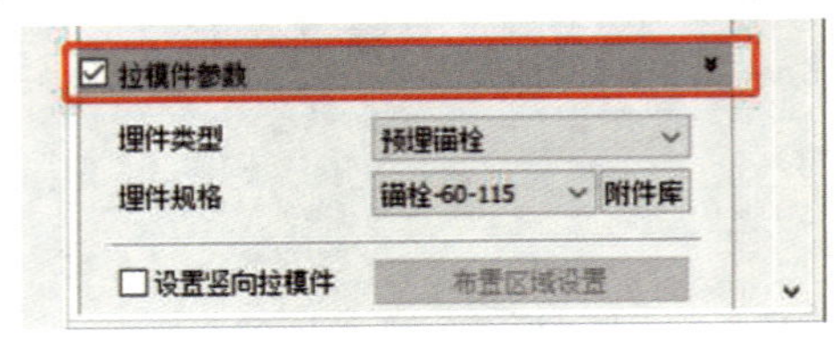

(c) 拉模件参数

图 6.58　墙附件设计参数

预制墙的吊装埋件设计参数如图 6.58(a)所示，可链接埋件库选择埋件规格。确定埋件规格后，可选择埋件排布方向(以模型俯视图方向为准)，输入埋件边距及埋件个数进行设计。边距控制有【百分比】和【绝对距离】2 种输入方式。设置步骤如图 6.59 所示。

预制墙的脱模埋件设计参数如图 6.58(b)所示。可自选脱模埋件的类型，并链接埋件库分别选择脱模埋件与斜支撑埋件的规格。确定埋件规格后，用户可选择埋件排布方向，输入埋件边距及脱模埋件个数进行设计。埋件边距定位方式提供【百分比】【绝对距离】2 种。设置步骤如图 6.60 所示。

拉模件设计参数如图 6.58(c)所示。确定拉模件类型(可选【预埋锚栓】【通孔】【预埋 PVC 管】)并链接埋件库选择埋件规格。可选择是否设置水平拉模件和竖向拉模件，并点击【布置区域设定】按钮交互指定拉模件设计区域。如图 6.61 所示棕色标记为竖向拉模件布置区域。

【设置竖向拉模件】：根据工程需要可在此处选择是否设置墙竖向拉模件。需设置时，可通过【布置区域设置】按钮进入布置区域选择界面。

【设置水平拉模件】：根据工程需要可在此处选择是否设置墙顶部水平拉模件。需设置时，可通过【布置区域设置】按钮进入布置区域选择界面。

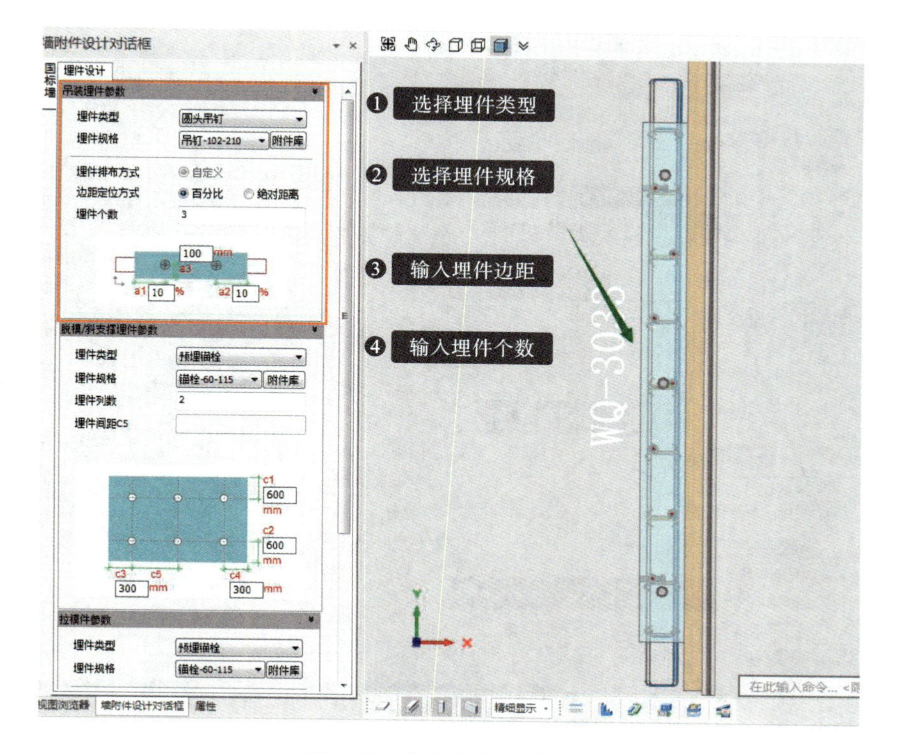

图 6.59　吊装埋件参数设置

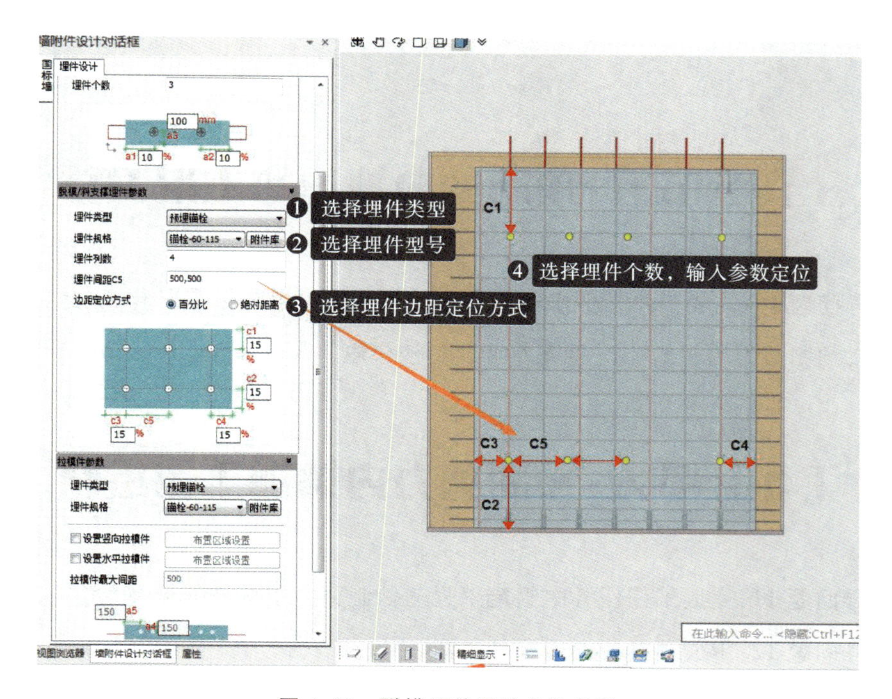

图 6.60　脱模埋件设计参数设置

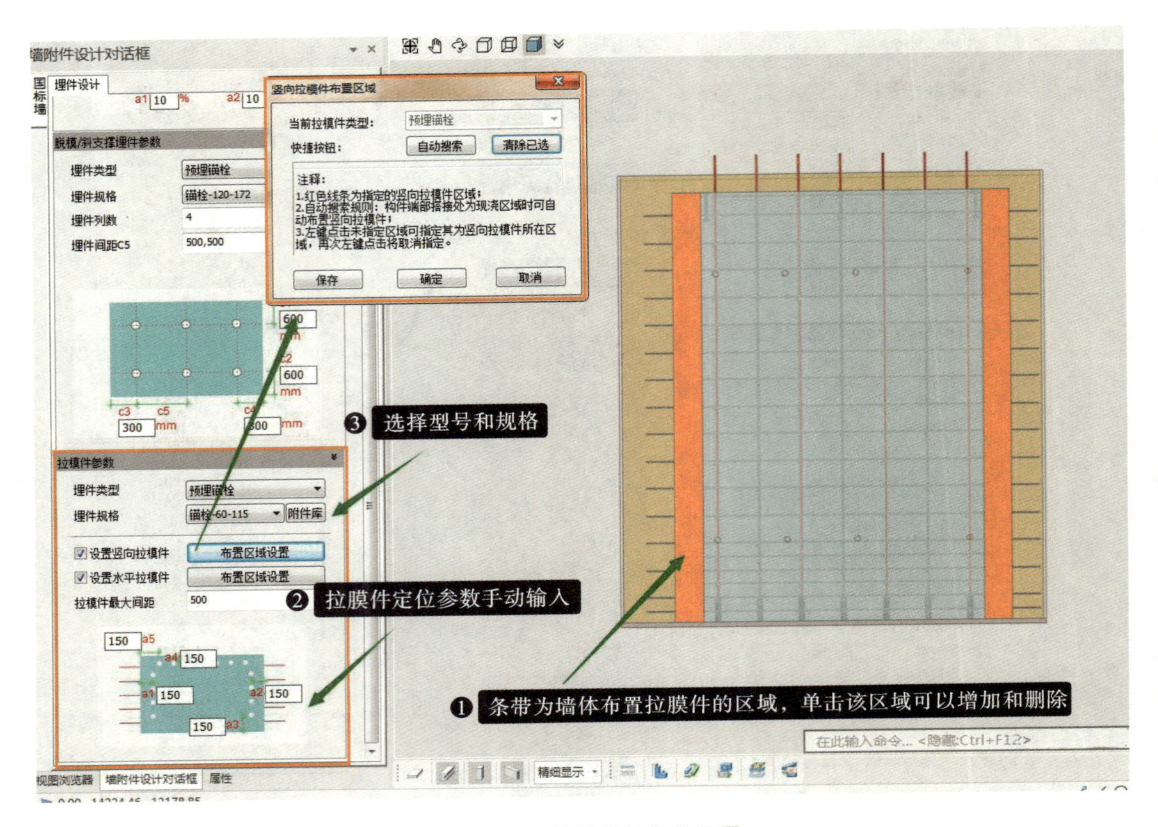

图 6.61 拉模件设计参数设置

工作环节五:预制剪力墙短暂工况验算

引导问题 10:完成工作任务中给定工程的预制剪力墙短暂工况验算,提交验算报告。

小提示:预制剪力墙短暂工况验算参考预制楼梯短暂工况验算。

工作环节六:预制剪力内墙加工图绘制

引导问题 11:完成工作任务中给定工程的预制剪力墙构件编号。

引导问题 12:生成预制剪力墙构件详图。

小提示:预制剪力墙构件编号和构件详图的生成参考叠合板构件编号和详图生成。生成的样图如图 6.62 所示。

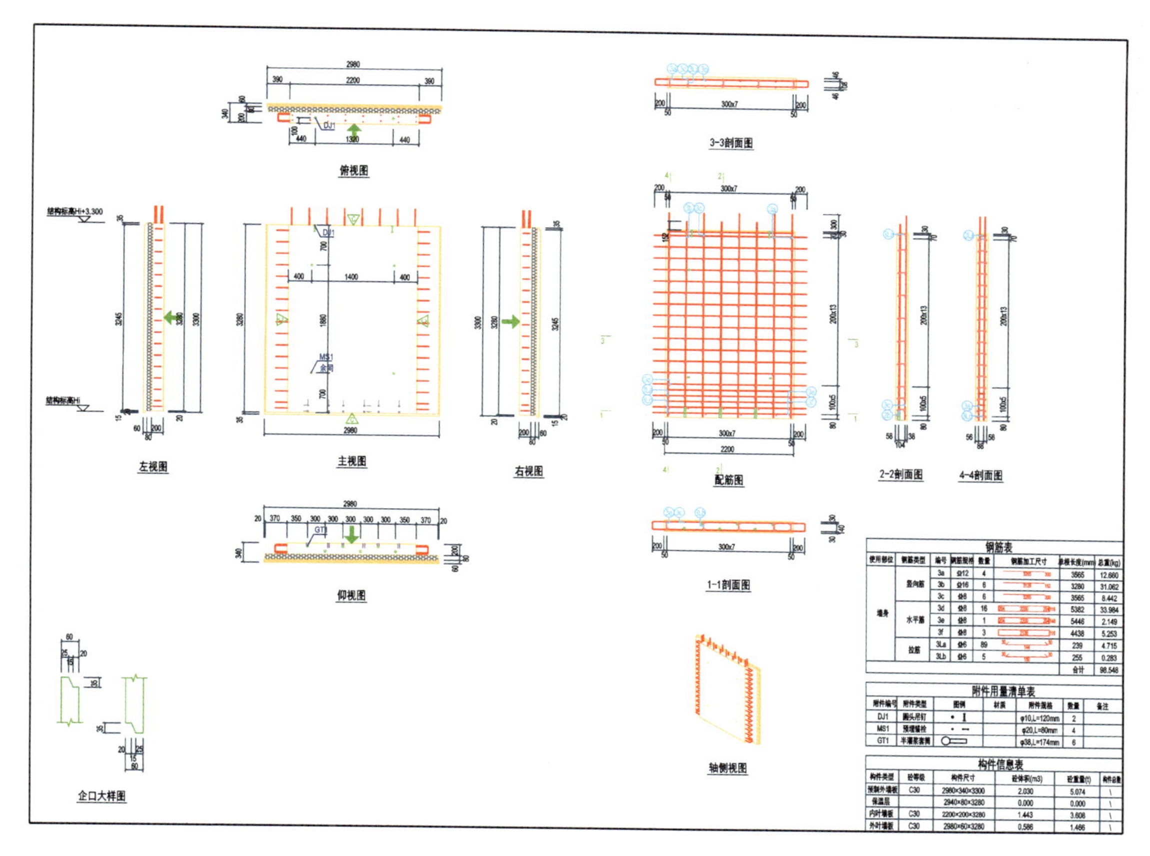

钢筋表							
使用部位	钢筋类型	编号	钢筋规格	数量	钢筋加工尺寸	单根长度(mm)	总重(kg)
墙身	竖向筋	3a	Φ12	4		3565	12.660
		3b	Φ16	6		3280	31.062
		3c	Φ8	6		3565	8.442
	水平筋	3d	Φ8	16		5382	33.984
		3e	Φ8	1		5446	2.149
		3f	Φ8	3		4438	5.253
	拉筋	3La	Φ6	89		239	4.715
		3Lb	Φ6	5		255	0.283
						合计	98.548

附件用量清单表						
附件编号	附件类型	图例	材质	附件规格	数量	备注
DJ1	圆头吊钉			φ10,L=120mm	2	
MS1	预埋螺栓			φ20,L=80mm	4	
GT1	半灌浆套筒			φ38,L=174mm	6	

构件信息表					
构件类型	砼等级	构件尺寸	砼体积(m3)	砼重量(t)	构件总数
预制外墙板	C30	2980×340×3300	2.030	5.074	\
保温层		2940×80×3280	0.000	0.000	\
内叶墙板	C30	2200×200×3280	1.443	3.608	\
外叶墙板	C30	2980×60×3280	0.586	1.466	\

图 6.62　预制墙样图样例

拓展思考

利用 PKPM－PC 完成附录中剪力墙结构施工图中墙体的深化设计。

情境七

预制悬挑板的深化设计

预制悬挑板的深化设计流程一般包括悬挑板布置、悬挑板拆分、悬挑板布筋、悬挑板附件设置等几个环节，然后进行构件编号、详图和清单等资料的快速生成，如图 7.1 所示。

图 7.1　预制悬挑板深化设计流程

知识目标

(1)掌握预制悬挑板深化设计的基本知识；

(2)掌握预制悬挑板深化设计施工图识读的相关知识。

能力目标

(1)能够准确识读与正确理解预制悬挑板深化设计加工图；

(2)能够对预制悬挑板进行拆分，并能绘制简单的深化设计加工图。

素质目标

(1)培养良好的职业道德；

(2)养成终身学习的良好习惯。

利用 PKPM－PC 软件对某工程预制悬挑板进行拆分深化。可扫描右侧二维码获取该工程图纸。

(1)阅读工作任务,熟悉预制悬挑板相关基础知识;

(2)学习《预制钢筋混凝土阳台板、空调板及女儿墙》(15G368－1)中预制悬挑板设计要点;

(3)学习《装配式混凝土结构技术规程》(JGJ 1—2014)中涉及预制楼梯的规范;

(4)学习《预制钢筋混凝土阳台板、空调板及女儿墙》(15G368－1)、《装配式混凝土结构连接节点构造》(15G310－1)和《混凝土结构施工图平面整体表示方法　制图规则和构造详图(现浇混凝土框架、剪力墙、梁、板)》(22G101－1)中预制悬挑板端部节点设置要求。

获取信息

引导问题 1:预制悬挑板常见有哪些构件?一般做法是什么?

引导问题 2:预制悬挑板端部钢筋构造要求有哪些?

相关知识点

知识点 1:预制悬挑板常见构件

预制悬挑板常见的有阳台板和空调板。预制阳台板和预制空调板一般采用全预制构件或叠合构件,如图 7.2 所示。

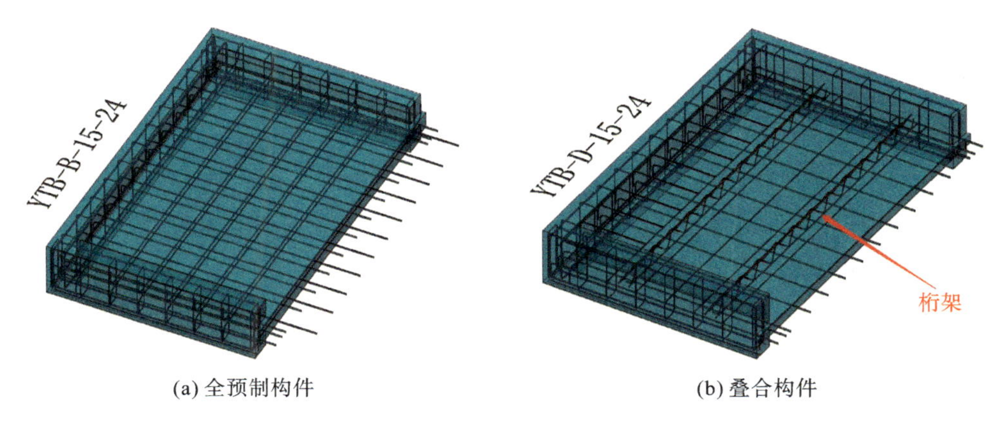

(a) 全预制构件　(b) 叠合构件

图 7.2　预制悬挑板构件

知识点 2:预制悬挑板端部钢筋构造要求

1. 全预制构件

依据《预制钢筋混凝土阳台板、空调板及女儿墙》(15G368－1)和《混凝土构造手册》,对离地面 30 m 以上且悬挑长度大于 1200 mm 的悬板,以及位于抗震设防区悬挑长度大于 1500 mm 的悬臂板,均需配置不少于ϕ8@200 mm 的底部钢筋。结合实际生产要求,为防止预制构件开裂,一般全预制悬挑构件为双层双向布筋。

(1)悬挑板上部钢筋。悬挑板上部钢筋的伸出长度应取构件悬挑长度 l_c、$1.1l_a$和楼板支座附加筋伸入板内长 $l_n/4$ 或 $l_n/3$ 三者之间最大值,如图 7.3 所示。

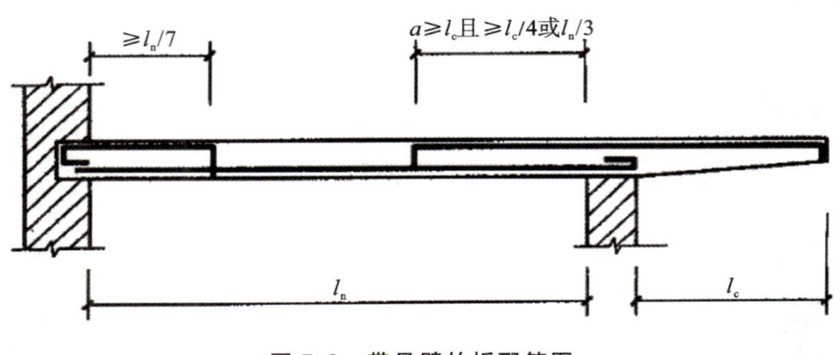

图 7.3 带悬臂的板配筋图

当 $q\leqslant 3g$ 时,$a\geqslant l_n/4$;当 $q>3g$ 时,$a\geqslant l_n/3$。其中 q 为均布活荷载设计值,g 为均布永久荷载设计值。

(2)悬挑板底部钢筋。当板底为构造钢筋时,宜从板端伸出并锚入支承梁或墙的后浇混凝土中,锚固长度$>15d$(d 为板底钢筋直径),且宜伸过支座中心线。当板底为计算要求配筋时,宜从板端伸出并锚入支承梁或墙的后浇混凝土中,锚固长度$>l_a$,且宜伸过支座中心线。

2. 叠合构件

(1)叠合悬挑板上部钢筋。叠合悬挑板上部钢筋应在相邻叠合板的后浇混凝土中可靠锚固。能贯通时则贯通;不能贯通时则直锚长度$\geqslant l_a$;纯悬挑且直锚长度$<l_a$时,应伸至梁或墙外侧纵筋内侧后弯折,直段长度$\geqslant 0.6l_{ab}$且弯折段长度为 $5d$(d 为板顶纵筋直径)。

(2)叠合悬挑板下部钢筋。当板底为构造钢筋时,宜从板端伸出并锚入支承梁或墙的后浇混凝土中,锚固长度$>15d$(d 为板底钢筋直径),且宜伸过支座中心线。当板底为计算要求配筋时,宜从板端伸出并锚入支承梁或墙的后浇混凝土中,锚固长度$>l_a$,且宜伸过支座中心线。

小贴士

在工程实际中，技术从业人员编写施工方案及技术处理方案等需要技术文件，而这些技术文件会用到大量深化技术知识。了解深化设计及其在实际工程中的应用，具备相应的科学素养，对于专业能力的提升具有促进作用。

工作环节一：模型准备

引导问题 3：下载工作任务中的文件，利用 PKPM－PC 软件创建某工程“悬挑板”模型。

工作环节二：预制悬挑板的拆分设计

引导问题 4：完成工作任务中给定工程的悬挑板拆分。

小提示：预制悬挑板拆分设计的步骤：悬挑板的创建→预制属性的指定→预制悬挑板拆分设计（封边、滴水线槽参数设置）。

相关知识点

【视频】7.1－空调板和阳台板的拆分

知识点 3：PKPM－PC 软件中悬挑板的创建

1. 新增悬挑板

切换到“标准层 1”后，执行【结构建模】→【悬挑板】命令，如图 7.4 所示，打开【悬挑板布置】面板。

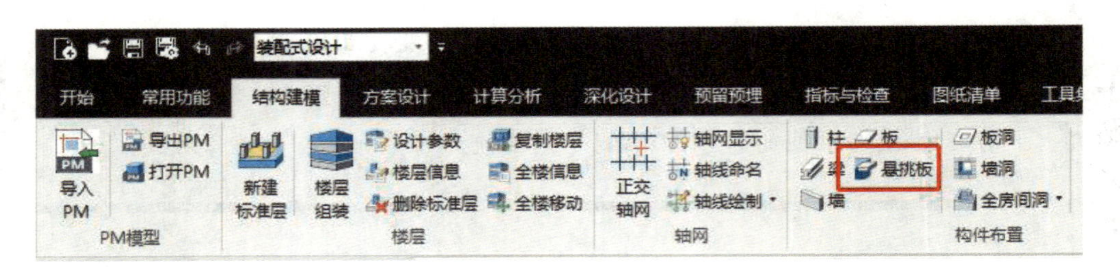

图 7.4　打开悬挑板布置

点击【增加】按钮，弹出【悬挑板截面定义】对话框，需要输入悬挑板截面的【悬挑长度】【宽度】【厚度】参数，如图 7.5 所示。点击【确定】后会返回到【悬挑板布置】对话框，并在下拉栏中增加截面。

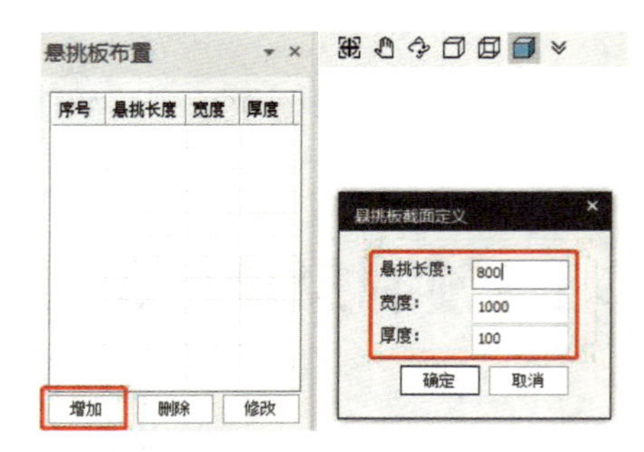

图 7.5　新增悬挑板截面

2. 悬挑板布置

悬挑板布置方式有【绘制】【全长布置】【自由布置】【中心布置】【垛宽布置】5 种，如图 7.6 所示。

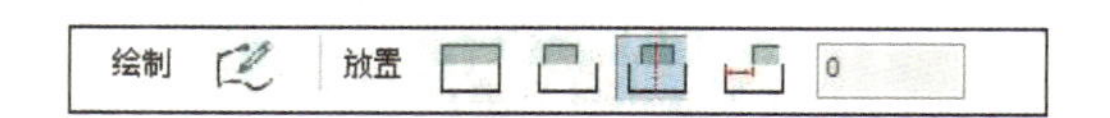

图 7.6　悬挑板布置工具条

【绘制】：通过在梁（或墙）构件上点击第一点和第二点来确定悬挑板的宽度，悬挑板的悬挑长度、宽度取自下拉栏当前截面。绘制的过程中，第一点和第二点沿梁（或墙）纵向均不能超界。

【全长布置】：悬挑板的宽度同梁（或墙）长度，悬挑板的悬挑长度、宽度取自下拉栏当前截面。

【自由布置】：按照下拉栏当前截面，可以自由放置在梁（或墙）的任意位置。

【中心布置】:按照下拉栏当前截面,放置在梁(或墙)中点位置处。

【垛宽布置】:按照下拉栏当前截面,并根据输入的垛宽值,放置在距离梁(或墙)端部一定距离处。

注意:悬挑板布置依附于墙或梁构件,在绘制或布置过程中不支持超界。悬挑板相对于梁或墙的两侧位置可以通过鼠标选择。

选择创建的悬挑板截面和布置方式,将悬挑板布置在墙上。悬挑板布置效果如图 7.7 所示。

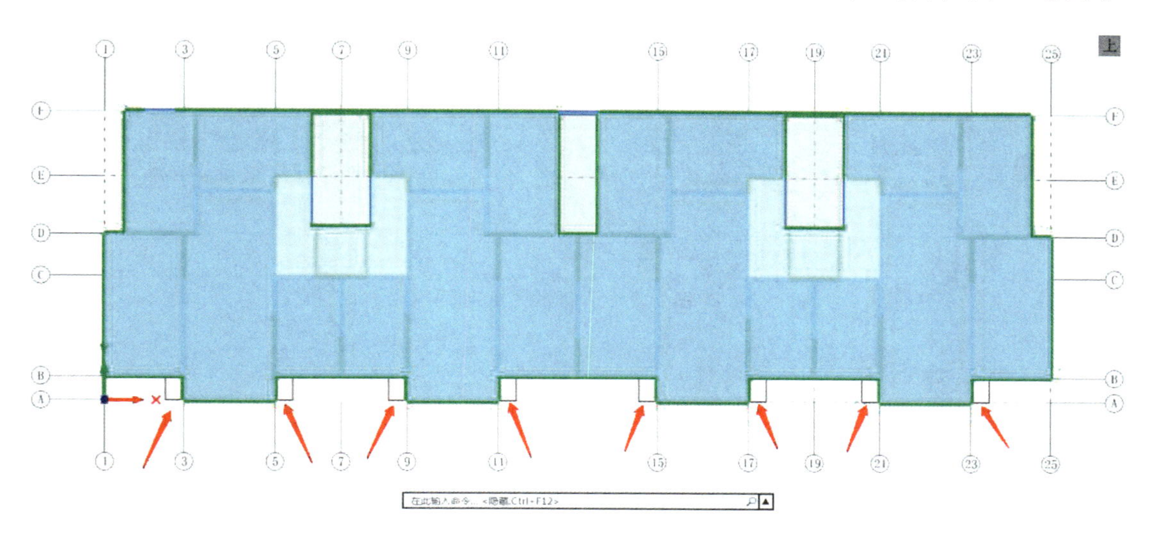

图 7.7　悬挑板布置效果

知识点 4:PKPM - PC 软件中悬挑板的拆分设计

1. 预制属性指定

执行【常用功能】→【预制属性指定】命令,弹出【预制属性指定】对话框,如图 7.8 所示。

预制属性指定　×

☐全选/全清

☐预制剪力内墙　☐预制剪力外墙

☐预制隔墙　☐外挂墙板

☐预制飘窗　☐梁带隔墙

☐预制板　☐预制楼梯

☑预制阳台板　☐预制空调板

☐预制梁　☐预制柱

图 7.8　【预制属性指定】对话框

勾选【预制阳台板】或【预制空调板】，然后框选模型中的所有悬挑板，如图 7.9 所示。

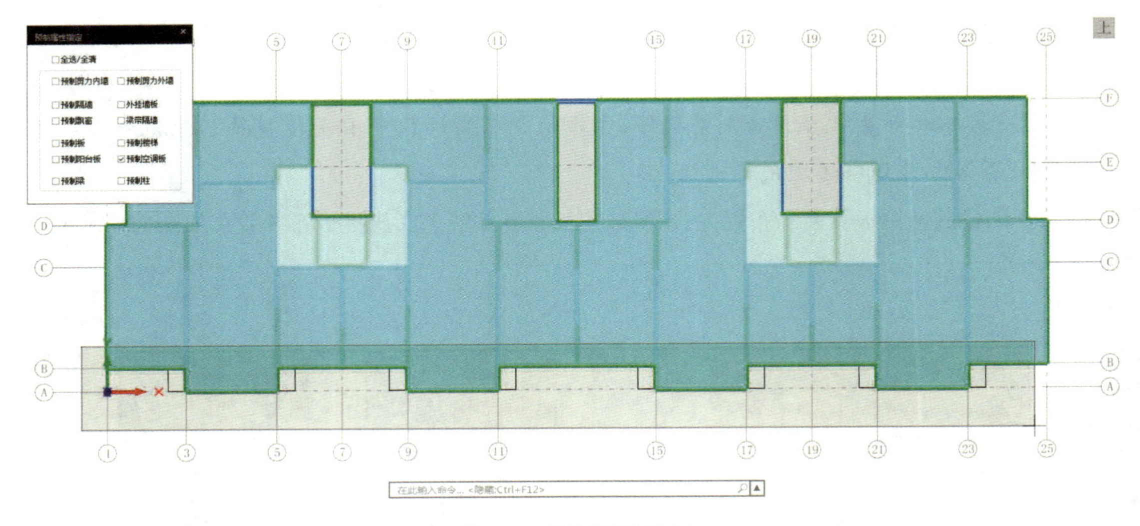

图 7.9　预制属性指定

2. 悬挑板拆分/配筋/吊件设计

下面以空调板设计为例讲解悬挑板的拆分设计。

执行【常用命令】→【空调板设计】命令，如图 7.10 所示。修改空调板参数，设置的参数包括拆分、配筋、吊件设计 3 类。

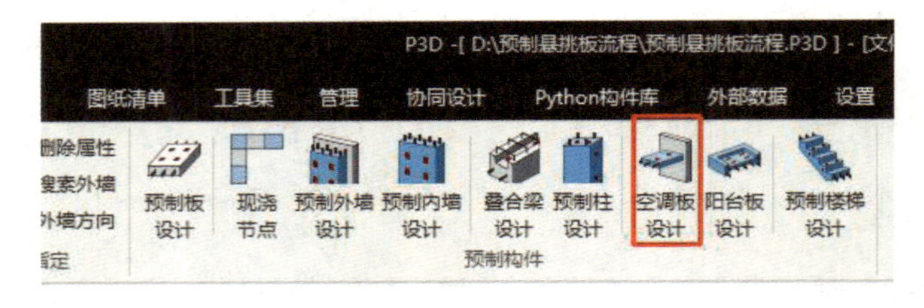

图 7.10　打开空调板设计

(1)封边参数如图 7.11 所示。

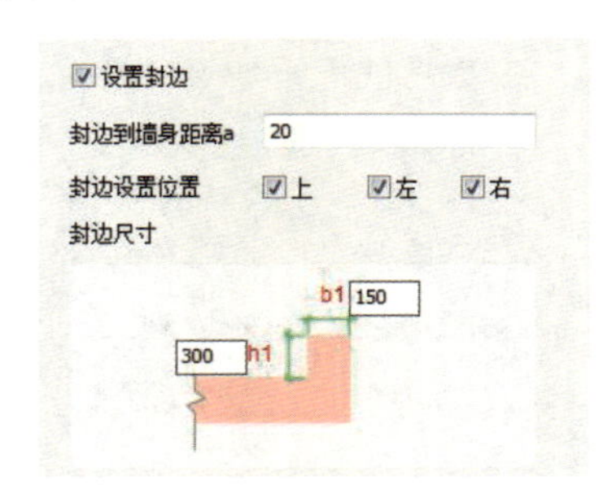

图 7.11　封边参数

【封边到墙身距离】:左右侧封边在近墙端与结构墙墙边的距离,当外墙采用夹心保温三明治外墙时,此值为预制空调板封边到内叶墙板边缘的长度(图 7.12 中蓝线所代表的尺寸)。

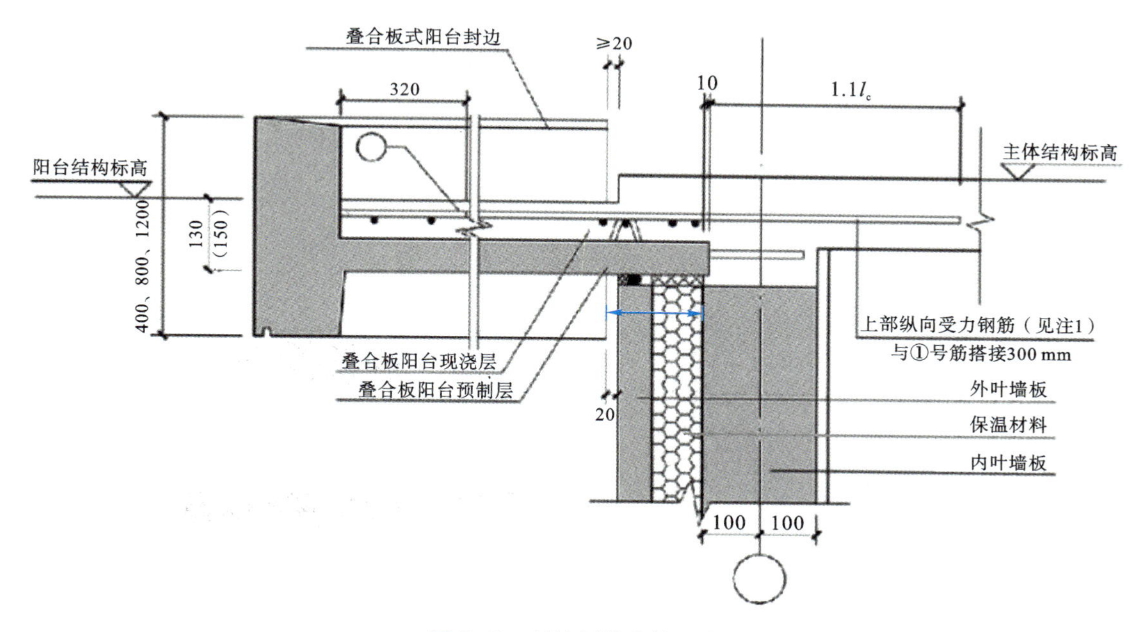

图 7.12　封边到墙身的距离

【封边设置位置】:控制封边生成的位置,以室内俯视视角设置确定"上""左""右",如图 7.13 所示。

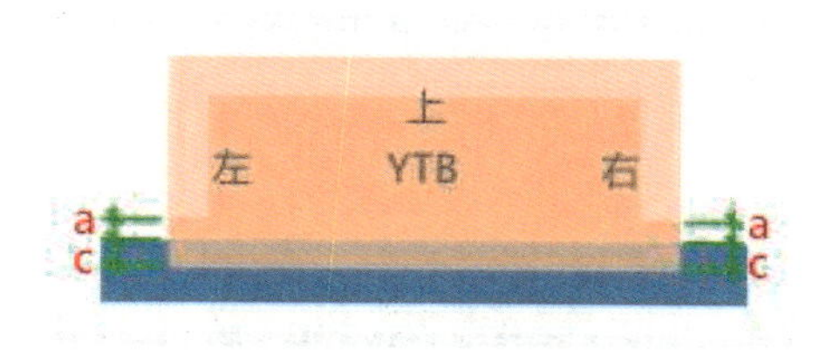

图 7.13　室内俯视视角

【封边尺寸】:封边开放了上部封边尺寸【b】和【h1】,分别控制上封边的宽度和高度,如图 7.14 所示。

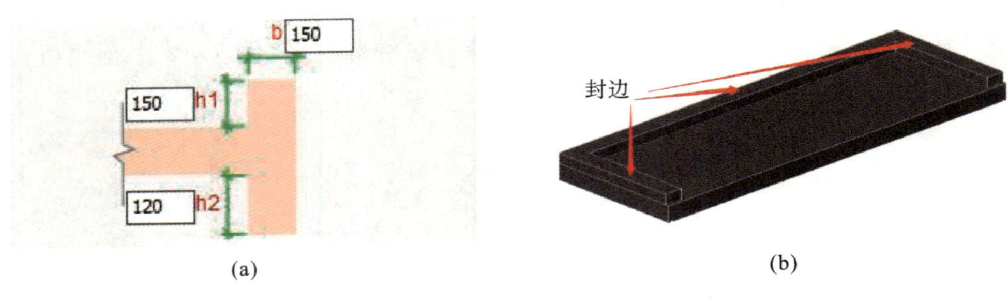

(a)　　(b)

图 7.14　封边尺寸参数

(2)滴水线槽参数如图 7.15 所示。

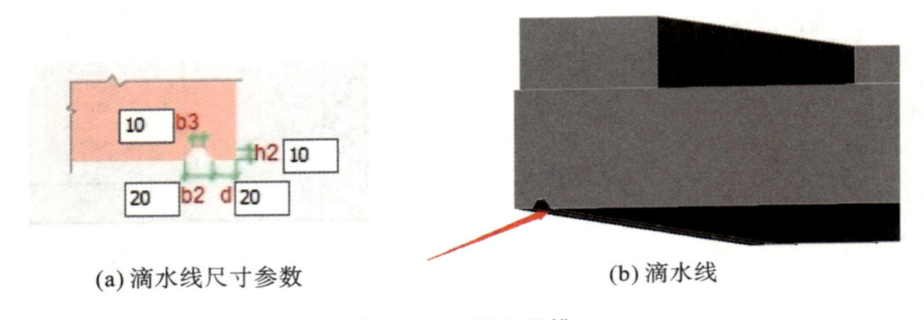

(a) 滴水线尺寸参数　　(b) 滴水线

图 7.15　滴水线槽

【设置滴水线】:是否生成滴水线槽的总控开关。勾选时,后续的滴水线尺寸参数才可以生效。

【滴水线槽位置】:控制滴水线槽生成的位置,以室内俯视视角设置确定“上”“左”“右”。

【滴水线槽尺寸】:开放了滴水线槽边到板边距离【d】、滴水线槽下部宽度【b2】、滴水线槽上部宽度【b3】、滴水线槽深度【h2】。

工作环节三:预制悬挑板的配筋设计

引导问题 5:完成工作任务中给定工程的预制悬挑板的配筋设计。

小提示:预制悬挑板配筋设计包括底筋和顶筋端部构造,以及封边钢筋设置。

相关知识点

知识点 5:PKPM－PC 软件中悬挑板的配筋设计

【视频】7.2-空调板和阳台板的配筋和埋件设计

叠合板式阳台板配筋值设计与预叠合板【板配筋值】完全一致,详细内容参考情境二。本情境以全预制阳台板为例讲解悬挑板的配筋设计。

执行【常用命令】→【空调板设计】命令,修改空调板参数。

1. 顶筋参数

阳台板顶筋采用对称排布的设计方法,如图 7.16 所示。

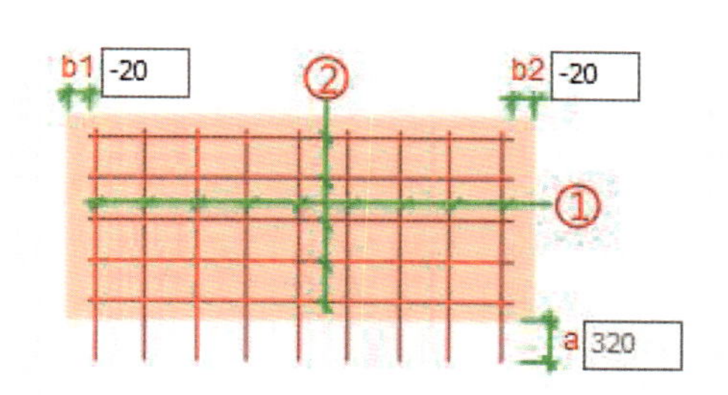

图 7.16　阳台板顶筋参数设置

【a】:悬挑方向上钢筋深入支座的长度。当勾选【自动计算】时,输入框置灰,伸出长度取 $1.1l_a$ 并向大取整。

【b1】【b2】:非悬挑方向钢筋左/右侧(室内向室外俯视)伸出长度。外伸为正,内缩为负。

【2＃钢筋接头形式】:提供【直锚】和【90°弯钩】2 种形式。此参数同时控制非悬挑方向钢筋的两端。

2. 底筋参数

阳台板底筋参数设置如图 7.17 所示。

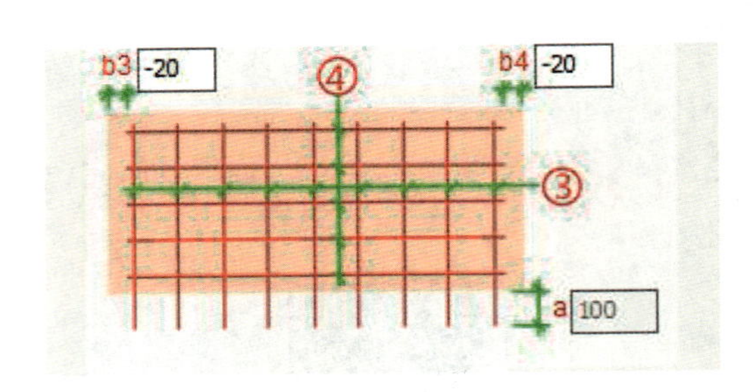

图 7.17　阳台板底筋参数设置

【a】:悬挑方向上钢筋深入支座的长度。当勾选【自动计算】时,输入框置灰,伸出长度取 15d 并向大取整。

【b3】【b4】:非悬挑方向钢筋左/右侧(室内向室外俯视)伸出长度。外伸为正,内缩为负。

【3#钢筋接头形式】:提供【直锚】和【90°弯钩】2 种形式。此参数仅控制悬挑方向钢筋远离支座的一端,另一端默认直锚。

【4#钢筋接头形式】:提供【直锚】和【90°弯钩】2 种形式。此参数同时控制非悬挑方向钢筋的两端。

3. 封边钢筋

阳台板封边钢筋如图 7.18 所示。

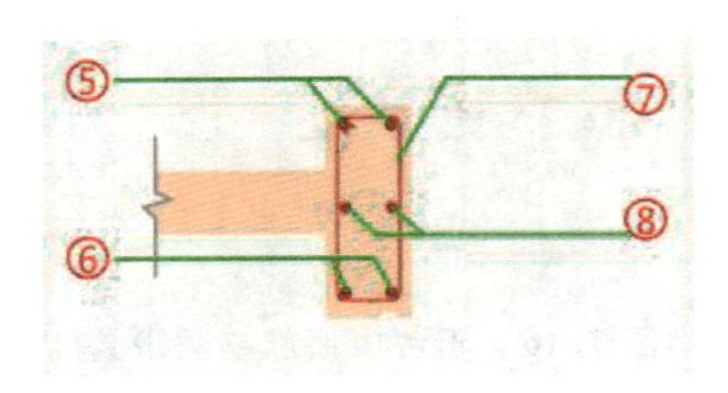

图 7.18　阳台板封边钢筋

(1)5#、6#封边顶筋。

【规格】:控制封边顶筋的【钢筋强度等级】和【钢筋直径】。

【端部接头做法】:提供【直锚】和【90°弯钩】2 种做法。此参数同时控制封边顶部钢筋的两端做法。

(2)7#、8#封边箍筋。

【规格】:控制封边顶筋的【钢筋强度等级】和【钢筋直径】。

【间距】:封边箍筋之间的距离典型值(大多数间距为默认值,部分间距小于此值)。

工作环节四:预制悬挑板附件设计

引导问题 6:完成工作任务中给定工程的预制悬挑板附件设计。

小提示:预制悬挑板附件设计的方法同其他构件。

工作环节五:预制悬挑板加工图绘制

引导问题 7:完成工作任务中给定工程的预制悬挑板构件编号。

引导问题 8:生成预制悬挑板构件详图。

小提示:预制悬挑板加工图绘制的步骤:生成构件编号→构件详图生成。

拓展思考

利用 PKPM - PC 完成附录中剪力墙结构施工图中阳台板的深化设计。

附录

【视频】剪力墙项目全流程

【视频】框架项目全流程

剪力墙结构施工图

框架结构施工图

参考文献

[1]中国建筑标准设计研究院. 桁架钢筋混凝土叠合板:60 mm 厚底板:15G366－1[S]. 北京:中国计划出版社,2015.

[2]中华人民共和国住房和城乡建设部,中华人民共和国国家质量监督检验检疫局. 装配式混凝土建筑技术标准:GB/T 51231—2016[S]. 北京:中国建筑工业出版社,2017.

[3]中华人民共和国住房和城乡建设部. 装配式混凝土结构技术规程:JGJ 1—2014[S]. 北京:中国建筑工业出版社,2014.

[4]中华人民共和国住房和城乡建设部,中华人民共和国国家质量监督检验检疫局. 建筑模数协调标准:GB/T 50002—2013[S]. 北京:中国建筑工业出版社,2013.

[5]中国建筑标准设计研究院. 装配式混凝土结构连接节点构造:15G310－1[S]. 北京:中国计划出版社,2015.

[6]中国建筑标准设计研究院. 预制钢筋混凝土板式楼梯:15G367－1[S]. 北京:中国计划出版社,2015.

[7]中国建筑标准设计研究院. 混凝土结构施工　钢筋排布规则与构造详图:现浇混凝土板式楼梯:18G901－2[S]. 北京:中国计划出版社,2018.

[8]中国建筑标准设计研究院. 预制钢筋混凝土阳台板、空调板及女儿墙:15G368－1[S]. 北京:中国计划出版社,2015.

[9]中国建筑标准设计研究院. 装配式混凝土结构连接节点构造:框架:20G310－3[S]. 北京:中国计划出版社,2021.

[10]中国建筑标准设计研究院. 混凝土结构施工图平面整体表示方法　制图规则和构造详图:现浇混凝土框架、剪力墙、梁、板:22G101－1[S]. 北京:中国标准出版社,2022.

[11]中国建筑标准设计研究院. 预制混凝土剪力墙外墙板:15G365－1[S]. 北京:中国计划出版社,2015.

[12]中国建筑标准设计研究院. 预制混凝土剪力墙内墙板:15G365－2[S]. 北京:中国计划出版社,2015.